中国水科学青年英才专著系列

闸控河流生态需水
调控理论方法及应用

梁士奎　著

中国水利水电出版社
www.waterpub.com.cn

·北京·

内 容 提 要

本书全面阐述了众多闸坝条件下的河流生态需水问题，选取具有典型闸控河流特征的沙颍河为研究对象，系统介绍了多闸坝河流生态需水调控的理论基础、研究体系、量化方法和应用研究成果。主要内容包括：闸坝等水利工程建设对河流生态系统的影响分析，闸坝影响下的水文变异、水质变化和水生态演变特征研究，面向河流健康的生态需水方法研究，多闸坝条件下的河流生态需水调控和保障体系构建等。本书提出的多闸坝条件下河流生态需水及其调控理论与方法，对于河流水资源综合管理、水环境与水生态系统修复、河流健康保护等具有参考意义。

本书可供关心河流水生态与水环境动态发展的爱好者参考，也可供从事水资源、水环境、水利管理及有关专业的科技工作者、管理人员以及高校师生参考。

图书在版编目（CIP）数据

闸控河流生态需水调控理论方法及应用 / 梁士奎著
. -- 北京 ：中国水利水电出版社，2019.8
（中国水科学青年英才专著系列）
ISBN 978-7-5170-7968-2

Ⅰ．①闸… Ⅱ．①梁… Ⅲ．①拦河闸－影响－河流－
生态环境－需水量－研究 Ⅳ．①TV66②X143

中国版本图书馆CIP数据核字(2019)第192265号

书　　名	中国水科学青年英才专著系列 **闸控河流生态需水调控理论方法及应用** ZHA KONG HELIU SHENGTAI XUSHUI TIAOKONG LILUN FANGFA JI YINGYONG
作　　者	梁士奎　著
出版发行	中国水利水电出版社 （北京市海淀区玉渊潭南路1号D座　100038） 网址：www. waterpub. com. cn E - mail：sales@waterpub. com. cn 电话：(010) 68367658（营销中心）
经　　售	北京科水图书销售中心（零售） 电话：(010) 88383994、63202643、68545874 全国各地新华书店和相关出版物销售网点
排　　版	中国水利水电出版社微机排版中心
印　　刷	北京中献拓方科技发展有限公司
规　　格	170mm×240mm　16开本　9印张　176千字
版　　次	2019年8月第1版　2019年8月第1次印刷
印　　数	001—500册
定　　价	**50.00元**

总 序 一

　　水是生命之源、生产之要、生态之基。兴水利、除水害，事关人类生存、社会进步，历来是治国安邦的大事。我国是一个长期面临水资源短缺、水旱灾害、水污染和水生态等多方面水问题的发展中国家。随着经济社会的飞速发展，科学技术日新月异，人类需要解决的水问题越来越迫切、越来越复杂，水科学研究既面临着很好的发展机遇，也面临着前所未有的挑战。未来总是属于年轻人的，水科学青年科技工作者是最具创造活力的群体，拥有一大批创新型青年人才，是中国水科学创新活力之所在，也是解决中国水问题希望之所在。

　　水科学青年科技工作者知识层次高、年富力强，处于思维创新的巅峰时期，是水科学领域学术研究的"新生代"。他们的著作在理论研究方面不仅有一定的深度，而且不乏创新之处，是一批值得开发的学术资源，具有较高的学术水平和出版价值。中国水论坛组委会和中国水利水电出版社也正是基于此联合推出了"中国水科学青年英才专著系列"，旨在鼓励水科学领域青年英才立足中国水问题，持续推出高质量学术成果，为水科学事业集聚起一支高水平的学术理论队伍。从另一方面来讲，"中国水科学青年英才专著系列"中的著作可能是青年科技工作者的第一部著作，是他们学术生涯的一个重要里程碑，通过写作实践，可进一步掌握科技著作的写作方法，进一步提高写作水平，熟悉出版社对文稿质量与出版规范的要求以及国家有关的标准和规定，也将对今后科研报告等日常工作报告的编写起到很大帮助，为他们在本专业领域崭露头角，甚至成为名家奠定基础。"中国水科学青年英才专著系列"可谓意义深远。

　　"我劝天公重抖擞，不拘一格降人才。"老一辈水科学工作者不仅要做科技创新的开拓者，更要做提携后学的领路人。希望专家委员会的同仁们肩负起培养青年科技人才的责任，甘为人梯，言传身教，慧眼识才，不断发现、培养、举荐人才，为拔尖创新人才脱颖而出铺路搭桥。广大水科学青年科技人才要树立科学精神，培养创新思维，挖掘创新潜能，提高创新能力，在继承前人的基础上不断超越。

中国水论坛是我国最具特色、最具影响力的水科学学术交流平台，中国水利水电出版社是水利部直属的中央级专业科技出版社，是我国最具实力的水利水电专业出版机构。我相信，在两家团体的通力合作下，"中国水科学青年英才专著系列"必将成为水科学领域的学术出版品牌。

中国科学院院士　刘昌明

2017 年 6 月

总　序　二

我国是一个洪旱灾害频发的国家，治水是治国理政的重要内容，与综合国力的支撑紧密相关。新中国成立以来特别是改革开放以来，我国的水资源开发、利用、配置、节约、保护和管理工作取得了显著成就，为经济社会发展、人民安居乐业作出了突出贡献。进入 21 世纪后，在经济社会快速发展的同时高度重视生态环境保护，我国治水思路和水利发展方式加快转变，新老水问题加快破解，水治理体系和治理能力现代化加快推进，水安全保障水平得到明显提升，这些都为经济社会持续健康发展提供了有力的支撑。但必须清醒地看到，人多水少、水资源时空分布不均是我国的基本国情和水情，水资源短缺、水污染严重、水生态恶化等问题十分突出，已成为制约经济社会可持续发展的主要瓶颈。

面对更为复杂的水科学问题，我国需要一大批青年水科学工作者快速成长起来，实现人才的衔接，担负起为实现中华民族伟大复兴水科学保障的重任，任重而道远。小心求证、大胆创新也因此成为每位水科学工作者应当恪守的科研准则。"青春须早为，岂能长少年。"青年水科学工作者富有朝气与活力，思维活跃，在方式方法上常生新见，是我国水科学最前沿领域的学术创新"新生代"。他们秉承着严谨的科研精神，吃苦耐劳，甘于奉献，勇于实践，是我国水利事业大发展的重要力量和接班人。

党的十八大提出实施创新驱动发展战略，强调科技创新是提升社会生产力和综合国力的战略支撑。激发青年水科学工作者的创新活力，需要进一步营造尊重人才、鼓励创新的氛围，树立一批青年水科学工作者榜样，带动更多的青年工作者增强信心和动力，全身心投入到创新驱动发展战略实践中来。为此，中国水利水电出版社联合中国水论坛组委会，组织策划了"中国水科学青年英才专著系列"出版项目，涵盖水文学、水资源、水环境、水安全、水工程、水经济等诸多方面，旨在充分挖掘行业内学术资源，举荐拔尖创新人才，挖掘青年水科学工作者科研成果，带动水科学更快发展，为实现中华民族伟大复兴作出更大贡献。"普下利物沐群生，智者惟乐水。"我相信，"中国水科学青年英才专著系列"是一项意义深远的大型文化出版工程，功在当代，利在千秋，不仅对于激发青年水科学工作者的科研热情，推动我国水利事业的发展大有裨益，对于芸芸读者来说，也是不可多得的饕餮盛宴。

欢迎更多的水科学工作者加入到"中国水科学青年英才专著系列"的专家队伍中来，推荐有作为的青年科技工作者，为拔尖创新人才脱颖而出铺路搭桥。欢迎广大水科学青年工作者加入到"中国水科学青年英才专著系列"的作者队伍中来，把你们人生第一本自己的学术专著出版出来，为水科学事业作出贡献，为自己的发展甚至成为名家奠定基础。

中国科学院院士

2017 年 6 月

序

　　水问题是经济社会发展进程中所面临的关键问题，也是广大水利科研工作者需要不断探究的学术方向。对于一位生长于淮河岸边的水利工作者，对淮河流域的水问题感受颇深，自 2009 年以来，本人开始聚焦淮河流域的水环境问题，确定将其作为主研方向之一。多年来，以闸坝众多的淮河流域沙颍河支流为研究示范和实验区，通过大量的资料搜集、课题研究、人才培养和成果积累，构建了具有特色的闸控河流水环境研究方向和稳定的水科学研究团队。

　　2011 年，本书作者梁士奎攻读博士学位加入到水科学研究团队，恰逢国家水污染控制与治理重大科技专项课题的开展，随即投身到淮河流域水污染治理相关科学研究中，基于团队前期在闸控河流水环境机理、水生态研究、水资源调控等方面的研究基础，其博士论文选题以具有典型闸控河流特征的沙颍河为研究区，针对水资源和水生态问题突出的特点，进一步结合河流生态需水问题，开展了面向河流健康的生态需水理论和方法研究，并取得了很好的研究成果。

　　很高兴看到我的学生在其博士学位论文的基础上进一步拓展撰写成专著。在书中，作者针对多闸坝条件下的河流生态需水问题，进行了系统的研究，分别从机理、内涵、计算方法等多个维度分别阐释了闸控河流生态水文效应；以河流健康角度切入，提出适用于多闸坝条件下的面向河流健康的生态需水计算方法；考虑到复杂水资源优化配置需求，构建了基于河流水文情势需求的闸控河流生态需水调控多目标模型。作者在闸控河流生态需水理论的深化和应用方面有独到的见解和创新，但毕竟"初来乍到"，望广大专家、学者和读者朋友多多指正。

　　作为导师，我非常高兴本书的出版，这是对作者在博士阶段刻苦勤奋的肯定，也是对作者人生当中一个阶段研究的凝练总结，同时也希望该项研究成果在推动河流水资源及水环境综合管理方面发挥一定的作用。期望作者在今后的科研生涯中再接再厉，继续发扬勤恳钻研的敬业精神，牢记"一分耕耘，一分收获"的真谛，在今后的水科学研究方面进行更多的探索和创新发展。

是以为序。

2019 年 8 月 26 日于郑州大学

前　言

河流水资源与水环境对自然生态系统良性循环和经济社会可持续发展均具有重要作用。闸坝等水利工程作为河流开发的主要手段，其建设运行为经济社会发展提供了有效支撑，同时也引发了一系列的水文、水环境和水生态问题，对河流健康状况造成影响。人类活动影响下的河流水文效应及其生态响应，成为水资源可持续利用、经济社会和谐发展进程中急需考虑的问题。研究闸坝等水利工程建设对河流生态系统的影响，分析闸坝影响下的水文变异情况、水质变化规律和水生态发展状况，开展面向河流健康的生态需水研究，构建有效的河流生态需水调控和保障体系，对于水资源科学管理、水生态系统修复、河流健康保护、水生态文明构建等具有重要意义。

本书选取具有典型闸控河流特征的沙颍河为研究对象，针对多闸坝条件下的河流生态需水问题，进行了系统的研究。

全书共7章。第1章为绪论，介绍了研究背景和意义，国内外研究进展，以及研究内容与技术路线。第2章为研究区及其河流生态环境状况。第3章为闸控河流生态水文效应研究，通过河流生态水文系统的辨析辨识，结合闸控河流特征，分析了闸控河流的生态水文效应，并以沙颍河研究区为例开展了分析。第4章为闸控河流健康与生态需水评估，结合闸控河流生态需水的关键问题，在分析河流健康目标中需水相关指标的基础上，提出面向河流健康的生态需水概念、内涵和关键指标，构建了适用于闸控河流的生态需水计算方法体系，确定了沙颍河流域主要河流断面生态需水量及其过程。第5章为闸控河流生态需水调控体系构建与模拟，基于闸坝条件下的生态水文效应分析，考虑水资源优化配置需求，构建了基于生态水文响应机制的闸控河流生态需水调控方法体系框架；通过分析现有闸控河流生态调度模式，结合人类社会用水和河流生态恢复目标，构建了考虑自然水流情势的闸坝生态调度多目标模型；采用多方案模拟技术方法，模拟了不同闸坝调控措施下的河流生态需水状况，分析了河流生态需水保障程度和调控效果。第6章为河流生态需水调控管理及保障体系研究，基于复杂水资源系统特征与河流适应性管理等理念，结合闸控河流水资源管理、水污染治理和水生态修复保护等管理需求，从水资源保障机制与生态环境保障机制构建等方面，提出了闸控河流生态需水保障体系，并针对沙颍河流域水资源可持续管理提出了相应措施。第7章为结论与展望。

本书的研究内容是在郑州大学水科学研究团队的支持下完成的，同时得到了华北水利水电大学诸多方面的指导和帮助，在此表示深深的感谢。感谢郑州大学左其亭教授为本书作序，并在本人学习和研究工作中给予全心指导和支持。本研究及其成果的出版得到华北水利水电大学高层次人才科研启动项目（编号 201740549）、河南省教育厅高校重点科研项目（编号 18A570004）、河南省水利工程特色学科和中原经济区水资源高效利用与保障工程河南省协同创新中心的支持。此外，作者参阅了大量的参考文献，在此谨向文献的所有作者一并致谢。

限于学术水平所限，书中难免存在疏漏和不足之处，敬请读者及同行专家批评指正。

作者

2019 年 8 月

目　录

第1章 绪 论

1.1 研究背景和意义

1.1.1 研究背景

　　水资源、水环境和水生态问题同人类社会的发展紧密相连，受自然和人类活动的共同影响，在经济社会发展的各个阶段，均呈现不同的特点，人水关系的构建和协调，对于经济社会稳定健康可持续发展具有重要的意义。随着人类文明进程的不断向前，对水资源的开发利用程度和技术水平在逐步提高，人水关系也在随之发生演变。近几十年来，伴随着现代文明的快速发展，人口增长、经济发展和水资源短缺的矛盾不断呈现并日益突出，水资源短缺条件下的经济社会用水与生态环境需水之间的竞争，使得生态用水状况难以得到保证，由此造成生态系统受到严重干扰和破坏，进而引发一系列环境和社会问题，对区域经济社会的可持续发展造成影响和制约。现阶段，以水资源短缺与生态环境问题突出为主要特征的中国水问题的复杂性和解决难度，决定了我国水资源管理工作的长期性和艰巨性，以及持续开展水环境治理的重要性和必要性。

　　河流是纵向上物理、化学特性和生物过程的连续统一体，具有自然功能、生态功能和社会功能（赵银军，丁爱中，等，2013）。在维持物质流动和能量循环的同时，河流为人类提供生产、生活和生态等各类用水，是重要的生命和环境支撑。作为水资源利用的主要来源和对象，河流被人类通过多种形式进行开发和利用，水库、闸坝等水利工程设施作为人类对河流水资源开发利用的重要途径，被大量兴建于河流之上，用于防洪排涝、蓄水兴利等。从建筑物特征上来讲，水库具有特定的库容和坝体，闸坝兼有水闸和大坝的特点，均具有水量存蓄和调节的功能（Zhang，等，2010）；从水利工程的功能与性质来看，特定的水库和闸坝可满足不同条件下的防洪、供水、发电、通航等功能，可实现水资源的综合利用。根据 2011 年全国第一次水利普查数据，截至 2011 年，我国已建成水库 98002 座，总库容达 9323 亿 m^3，过闸流量在 $5m^3/s$ 以上的水闸有 97019 座（中华人民共和国水利部，2013）。近几年，水利基础设施的建设发展仍在不断加大，根据 2017 年全国水利发展统计公报数据，截至 2017 年，全国已建成流量为 $5m^3/s$ 及以上的水闸 103878 座，其中大型水闸 893 座，已建成各类水库 98795 座，总库容为 9035 亿 m³，其中大型水库 732 座，总库容为 7210 亿 m³，占全部总库容的 79.8%。众多闸、坝的修建，有效缓解了区域水资源短缺、洪涝灾害等问题，为经济社会可持续发展提供了重要支撑。

闸坝等水利工程建设是经济社会发展的重要支撑，受气候变化等自然条件改变和筑坝取水等高强度人类活动的共同影响，河流环境问题也不断加剧，影响和制约着流域和区域的可持续发展。传统的河流开发方式主要是通过水利工程建设，进行防洪兴利，较少考虑对生态环境的影响，不断增加的闸、坝等水利工程，使得河流的天然条件发生很大的改变，进而引起河流水文情势的不断变化。河流生态系统不同程度地受到干扰和破坏，水文情势异常、水体环境污染、水生态系统退化等现象日益严重。当前，闸坝建设和管理与生态、环境保护协调已经成为时代需求，如何认识和处理大坝建设和生态、环境保护问题，已成为社会管理者以及科技工作者共同关心和面临的重大问题。从国际河流保护和修复的发展趋势上看，多数河流经历了"污染-防治-保护-生态修复"的阶段，近年来，随着闸坝修建运用的生态环境效应越来越为人们所关注，通过开展大坝及闸坝群的生态调度进行河流生态保护和修复，逐渐成为水资源学、生态学方面的研究热点。特别是河流生态水文学、河流生态水力学等理论的成熟及多目标优化技术的发展，为以河流生态条件改善为目标的水利调度提供了足够的理论、技术支撑。生态调度强调在水利工程运行与管理过程中更多地考虑生态因素，在河流生态需水规律研究的基础上，探讨如何通过调整水库群调度和运行方式满足河流生态系统的需水要求。基于河流水资源开发的区域特征和生态环境问题的复杂性，使得生态需水问题在不同区域及流域内呈现不同的特点。研究和探求既满足河道外社会经济需水目标，又考虑生态流量要求的水库运行调度模式及策略，建立适合不同河流特征的考虑生态的多目标调度技术和方法，保障经济社会与生态的协调发展，是许多受人类干扰较大的河流在可持续开发利用过程中急需解决的难题之一。在此背景下，开展闸控河流的生态调度研究是有积极意义的。

河流是水资源的重要载体，随着水体的不断循环和自然条件的持续演变，形成了包括陆地河岸、河道、湖泊、湿地及河口等一系列子系统的河流生态系统（赵银军，等，2013）。闸坝修建、取水退水等不断加剧的人类活动，提供了经济社会发展必要支撑条件的同时，不可避免地引发了河流水文情势变化、水环境恶化、水体生物多样性减少等诸多影响和破坏河流生态系统自然状态的问题。随着以闸坝为主要形式的水利工程所带来的负面生态效应不断呈现，以及其对经济社会可持续发展的不利影响日益突出，闸坝的生态环境效应问题受到社会普遍关注。为辨识人类活动对河流生态系统的影响，"河流健康"的概念被提出，并逐步成为当前河流开发及管理的研究热点（Norris，等，1999）；

为量化和科学评估河流及其生态系统的健康状况，"生态需水"作为最基本的指标被提出，并逐步发展成为河流管理的重要目标（王西琴，等，2002）；为实现河流及其生态系统的健康，需要通过一定的技术手段来实现生态水量的有效配置，由此，"生态调度"理论与方法研究和实践逐步开展，为河流健康维护和受损河流修复提供了重要支撑（陈敏建，2007a）。随着人类认知和技术水平的不断提高，"河流健康""生态需水"及"生态调度"的问题识别和相关研究逐步从单一水量到包含水质并发展到涵盖水生态等方面，相关概念不断拓展，评估和量化理论与方法不断丰富，技术应用和实践普遍展开。由于不同区域或河流的水资源条件和生态环境问题有其独特性，诸多生态需水相关的研究成果难以普遍适用，因此，仍需因地制宜，不断探索各类条件下的水资源和水环境问题的解决途径。针对受人类活动影响程度较大的多闸坝河流，科学辨识人类活动的影响状况，合理确定生态用水需求，有效控制水质目标、改善河流水环境，是当前和今后一个时期水资源管理工作中所面临和需要解决的重要问题。

淮河流域地理位置优越，经济社会高度发展，区域水资源压力突出，经过多年的水利建设，形成了众多闸坝设施为主的防洪减灾和水资源开发利用体系，对河道径流有着较高的控制能力。多年来，受气候变化、上游来水、入河排污、闸坝调控等方面因素的影响，流域水资源短缺，水体污染严重，河流水生态系统急剧退化，造成诸多环境和社会问题（蒋艳，等，2011）。针对流域的水资源与水环境问题，流域和各地管理部门先后开展了一系列的水资源配置、水污染防治等工作，取得了显著成效，流域水污染趋势得到有效控制，流域治理步入生态恢复阶段。基于独特的区域经济发展状况，河流水污染治理和生态恢复仍是当前河流管理的重要目标。近年来，国家在水资源管理的一系列政策和措施中，强调水的生产、生活和生态基本功能，要求贯彻生态文明理念，提出开展河湖水系连通工程建设，推动水生态保护和水资源管理，以改善水环境质量，恢复水生态系统功能等。在此背景下，针对多闸坝条件下的河流水资源与水环境问题开展相关研究，可为加强水资源的科学管理提供理论支撑与技术参考。

1.1.2 研究意义

闸坝工程对河流生态系统的影响涉及水文、水环境、水生态等多个方面，是一个相对比较复杂的系统问题。不同的闸坝工程分别承担着蓄水、引水、发电、通航等功能，不同用水状况造成相应条件下的河流形态、水力条件、水环境状况、栖息地环境等改变，加之闸坝运行操作带来的水文变化，使其成为引发河流生态系统发生演变的根源之一。同时，生态系统具有很强的复杂性和不确定性，不同地域的水文、气象、地理等自然条件不同，水文条件和人类活动影响状况也有很大差异，进而导致了开展河流生态系统研究的复杂性和多样性。基于水文与生态之间的紧密关系，研究水利工程的建设运行对水文过程的变化影响，以及水文情势变化如何作用于流域内的生态系统并产生相关影响，成为水资源研究及管理工作中的焦点问题（王根绪，等，2005）。

研究水利工程建设运行产生的生态水文效应，可以为水利工程现代化管理提供重要依据（鲁春霞，等，2011）。针对人类活动影响下的河流水资源和水环境问题，基于水利工程生态水文效应分析，进行生态需水评估及生态调度实践方面，已开展了广泛的理论和技术研究。在流域尺度上，我国的黄河流域构建了河流健康指标体系，针对河道断流和泥沙问题，确定了河流的生态水量，并通过水库联合调度实现了流量恢复与泥沙调度；长江流域提出了健康长江指标体系，针对珍稀鱼类濒临消失问题，开展了以生态物种保护为目标的流量生态调度；渭河、海河、滦河等流域均有针对性地开展了河流生态系统保护恢复和生态调度相关的研究和实践，通过闸坝等控制性水利工程的调控来有效改善河流水环境问题。

当前，闸坝工程对河流水文情势影响的相关研究和应用取得了一定的进展，水利工程对河流水质的影响也得到普遍的关注，但是闸坝工程对河流生态系统的影响，还处于认知和探索阶段。由于河流生态问题存在典型的区域性特征，使得河流生态问题研究多属于个案分析，体系不强，很多河流的水资源管理中，仍普遍面临着生态系统状况不明、生态需水不清、生态调度不灵的问题，制约着河流可持续管理目标的实现（魏娜，2015）。现实条件下，人类对河流水资源进行开发利用及对水环境产生影响是难以避免的，针对闸坝带来的多种不利影响，要完全恢复河流的原始状态亦难以实现。由此，要根据不同河流的实际情况，针对具体水资源与水环境问题，按照因地制宜的原则，探索研究适合特定区域的河流生态系统可持续管理技术和方法。

流域的水环境问题及发展是多种因素共同作用的结果，包括水资源的开发及利用、水污染的机理与防治等，为了实现流域水环境问题的根本解决，必须从流域尺度出发，了解各种污染形成及变化规律，进行水质及水量的多维调控，包括水资源配置、水利工程的生态效应、闸坝的联合调度等。我国在水利工程生态调度方面开展了诸多相关研究，但多集中于具有蓄水发电等功能的部分河流，相比而言，多闸坝河流地区水资源总量短缺，各部门竞争用水情势更为严峻，兴利、生态矛盾十分突出，且多数水利工程在以往的调度过程中很少特别考虑下游河流生态系统的需求，造成部分河段生态需水要求长期得不到满足，生态环境退化，急需通过改善调度方式予以补偿、缓解。当前，结合我国经济社会及水利管理的发展状况，如何针对水利工程开发的生态效应进行研究，揭示水利工程的生态效应特征及其规律，科学合理地确定河流可持续发展的管理目标，最大限度地降低生态负效应，规范流域开发管理，确保流域生态安全，这是我国水资源开发和环境管理工作以及实现社会经济、资源与环境持续协调发展迫切需要解决的问题。为开展闸控河流的生态调度，需要从生态需水的分析出发，明确生态调度的目标如水质改善、用水需求、生态改善等，在整体尺度考虑不同目标的需求，从整体上进行流域水环境改善和水资源利用的协调、统一。因此，基于闸坝等河道内水利工程建设带来的生态效应，分析影响河流水文情势的因素，为开展生态需水调控提供科学依据，为流域水环境改善提供技术支持，具有重要的理论意义。

淮河流域是闸坝密集、水环境问题突出的典型区域，流域的生态环境问题一直受到高度关注。沙颍河是淮河最大的支流，位于淮河干流以北，具有我国人口经济稠密地区河流水资源承载力高的典型特征。保障区域用水、防洪安全是沙颍河的主要功能，同时也承担着区域发展的生态环境要素功能，面临点源、面源污染的双重压力。流域内闸坝众多，水资源短缺、河道人工化和渠道化等进一步加剧了区域的水环境问题，是区域河流水环境问题的集中体现。对于此类河流，以往的研究多偏重于河道的水资源利用、洪水管理和水污染的防治，较少关注河流的生态管理策略、闸坝的生态调度和生态需水量保障等方面的研究。同时，受多种因素的影响，对流域水生态系统特征尚缺乏全面系统的认识，对水生态系统结构和功能难以把握，制定的有关管理方案在效果和目标方面同既定目标还有一定的差距。为有效地利用闸坝工程服务于经济社会发展，同时尽量减少建设运行所带来的负面影响，结合区域特征，对河流的闸坝生态效应进行辨识，科学评估区域生态需水状况，制定可行的水资源调控方案，具有较大的实用价值和现实意义。

本书以淮河流域水资源与水环境问题为背景，选取具有代表性的沙颍河区域为研究对象，基于多闸坝条件下流域水生态系统区域特征的分析，以河流生态系统健康为目标，开展闸控河流生态需水研究，提出闸控河流生态需水的评估方法，构建闸控河流生态需水调控体系，提出闸控河流生态需水调控管理及保障体系，为多闸坝条件下的生态流域建设提供技术参考。

1.2 国内外研究进展

1.2.1 水利工程生态效应研究

水利工程的修建在带来经济、社会效益的同时，也给河流的环境与生态系统带来一定的影响，包括正面和负面的效应，涉及河流形态、水文情势、水质状况、生物群落等方面的变化。水利工程生态效应研究的具体内容包括水利工程建设的生态影响分析，以及工程运行所产生效应的评估。

国外对水利工程生态效应的研究是从大坝建设对洄游鱼类的影响开始的。20 世纪 40 年代，美国的资源管理部门针对渔场及一些野生动物减少的问题，对建坝前后鱼类生长、繁殖以及产量与河流的流量问题进行了相关研究，提出河流应保持一定的生态基流量。20 世纪 40—70 年代，大坝对环境影响的研究，主要包括大坝的经济、社会效益，对水库蒸散发、下游河道、水库和下游水质，以及水生生物等方面的影响。在 20 世纪 70—80 年代，闸坝修建和调控对河流水环境和水生态系统的影响研究得到了快速的发展，开始侧重于闸坝对河流流量、水环境容量、水生物种和生态系统多样性等影响的研究。逐步提出水利工程在满足人类对河流利用要求的同时要维护河流的生态多样性，开始研究闸坝对和河流水生生物的影响，并发现闸坝等水工建筑物对浮游植物的种类和数量有着明显的影响。在这一阶段，国外对闸坝修建和调控影响研究的方向包括：闸坝对下游能量、物质（悬浮物、生源要素等）输送通量的影响；闸坝对河道结构（河流形态、泥沙淤积、冲刷等）的影响；闸坝对某种指示生物种（种群数量、物种数量、栖息地等）的影响等。对水利工程的生态效应研究的内容集中在几个方面：一是工程建设运行引起的河流水文情势变化及其造成的生态效应。重点研究内容包括河流水文要素变化对维持生态系统生物多样性和整体性的影响，并提出评估闸坝建设对河道自然水文情势变化的限制性阈值（Magilligan，等，2005；Maingi，等，2002），其中，生态流量是最有代表性的"约束性生态阈值"；二是以不同水生生物的保护和恢复为研究目标，分析闸坝建成后对河流的阻隔作用，以及闸坝条件下的水温、水沙运移、水电调峰运行等对不同水生生物的影响，进而针对特定生物保护目标，制定维护河流水生生态系统完整性的可持续生态流量保护与恢复方案（Matteau，等，2009）；三是研究闸坝工程建设对河流景观造成的改变，以及相应的生态效应问题，为河流修复提供理论和技术依据（Petts，1996；Poff，等，2010）。

国内对水利工程生态效应研究始于环境影响评价，一般是以人类活动引起生态系统或者生态学要素的变化及其产生影响以及作用客体的响应等方面为侧重点。自 20 世纪 70 年代开始，我国的水利、环保管理部门先后颁发了水电工程环境影响评价相关的规定、规范和导则，主要是通过工程的立项论证来确定水资源开发利用与河流生态系统保护之间的相对关系以权衡利弊，以及对工程建成后的效益和生态功能进行综合评价，进而确定是否需要进行河流生态修复或功能调整。近年来，水利工程的生态水文效应得到关注并出现一系列研究，从概念上，毛战坡等（2004）认为大坝对河流生态系统的生态效应是规划、建造、设计以及大坝泄流等过程的复合函数，侯锐等（2006）认为其应从空间、时间尺度以及工程建设期影响等方面来考虑。针对水利工程的生态效应的量化分析，夏军等（2008）基于水生态调查资料，分析了淮河闸坝对其下游水生态系统的影响，刘玉年等（2008）采用多种生物指数法，对淮河流域典型闸坝断面的生态系统现状进行了综合评价，张洪波（2009）基于生态水文特征变化分析了黄河干流闸坝的生态水文效应，构建了生态水文指标体系并研究了干流生态需水及生态调度等问题。此外，李来山等（2011）分析了淮河流域闸坝特征及其对水质改善作用，葛怀凤（2013）开展了基于生态水文响应机制的大坝下游生态保护适性管理研究，应用于黄河小浪底水库下游河流。我国中西部地区的渭河流域和华北地区的滦河流域，均开展了河流生态水文方面的专题研究等。

1.2.2 河流健康与生态需水研究

河流开发利用及管理的理念随着经济社会发展在不断更新，根据管理目标和任务的侧重点不同，河流管理可分为治理阶段、工程阶段、河流保护和修复阶段以及流域综合管理阶段4个过程。为保障生态及用水安全，结合不同阶段的水资源与水环境问题特征及管理需求，水资源承载力、水环境承载力、水生态承载力等概念先后被提出，河流的管理目标也逐步从水量、水质管理，转向以保护水生态系统健康为目标的可持续管理，"河流健康""人水和谐"等理念被提出并应用于河流管理实践中。

伴随着人类对河流生态系统认识的不断提高，以及水利工程建设等人类活动造成的生态问题日趋严重，为研究解决河流污染和水生态系统恶化问题，"河流健康"的概念开始出现，并受到世界各国的广泛关注（Norris，等，2000；Norris，等，1999；文伏波，等，2007）。"河流健康"概念是随着人们对河流环境退化的关注而产生的，基于河流功能之间相互联系的复杂性和认知的阶段特征，国内外针对河流健康的定义和内涵有着不同的理解深度和差异。国外学者多数认为健康的河流应包含完整的自然生态系统和能对人类提供服务的功能。最开始提出的河流健康概念只是强调河流的自然属性，随着认识的提高逐步将人类社会的价值判断融入其中（Fairweather，等，1999；Meyer，1997；Rogers，等，1999）。澳大利亚、美国等国家逐步开始进行河流健康评价与恢复方面的研究。国内针对河流健康的定义和内涵有着不同的理解。我国的很多学者针对国内河流健康状况，从河流生境物理、水环境、生物和水资源利用几个方面进行了评价，评价指标包括水文特征、水质参数、生物指标、河岸带指标、河流形态和社会服务状况等（冯文娟，等，2015；冯彦，等，2012）；针对长江、黄河、辽河、珠江和滦河等河流，相关学者建立了不同的评价指标体系（金鑫，等，2012）。总体来讲，对河流健康的认识均包含了河流自然生态状况良好，同时具有可持续的社会服务功能。河流健康状况是河流管理的基础，也是河流管理的目标。

河流生态需水是河流健康状况的重要表征指标之一。作为评估河流健康的重要因素，河流生态需水问题日益受到重视并融入到河流的管理工作中。国外对河流生态需水问题的关注始于 20 世纪 40 年代。20 世纪 60 年代初期，工业化国家开始出现水资源对国民经济的制约作用，水文学家开始对枯水期径流开展研究，同时，生态学家也开始大规模介入对河流的生态学研究。20 世纪 70 年代以来，法国、澳大利亚、南非等国都开展了许多关于鱼类生长繁殖和产量与河流流量关系的研究，从而提出了河流生态流量的概念，并产生了许多计算和评价方法。20 世纪 90 年代以前，河流流量的研究主要集中在所关心的鱼类、无脊椎动物等对流量的需求，20 世纪 90 年代后的研究，不仅研究维持河道的流量，而且还考虑了河流流量在纵向上、横向上的连接，从总体上讲，考虑了河流生态系统的完整性以及生态系统可以接受的流量变化。

国内外的生态学、水文学等专业学者基于不同的研究视角和目标，针对河道的生态需水问题提出了诸多概念，基于研究目标的差异，对生态需水的概念和界定并不统一，包括环境流量、生态流量、最小流量、环境需水、河道基流等（严登华，等，2007）。国外大多从生态学角度关注河道内流量并以此作为生态需水的重要依据（王西琴，2007），国内对生态需水的研究集中在水资源领域，开始于西北地区水资源综合开发与利用研究中，随着对生态需水认识的不断深入，逐步拓展到以干旱区河流及湿地等为对象开展研究。左其亭（2002）采用有限容积多箱模型方法对西北干旱区湖泊生态系统水量进行了研究，崔宝山等（2002）对湿地生态环境需水量相关问题研究了以水量平衡原理为基础的计算指标和理论模型。近年来，随着洪水灾害、河道断流、水体污染等问题的出现，河流生态需水研究普遍展开，最初主要侧重于河道生态系统，研究主要集中在根据河道物理形态、特征鱼类等对流量的需求，来确定最小及最佳的流量；近年来，相关研究开始考虑河流流量在纵向上的连接，注重关注河流生态系统是否完整，从流量改变的角度来分析河流生态系统的适应能力，研究的方向突破河流生态系统类型的限制，逐步拓展到不同生态系统类型的综合分析（丰华丽，2002），陈敏建等（2007）在分析不同区域水资源利用特征的基础上，考虑各自生态系统的特点，构建了相应的生态需水计算模型。

生态需水计算方法的研究和应用取得了很大的进展，当前，国内外计算河流生态需水量的方法大概有 200 多种，Tharme 等（2003）将大多数生态需水评估方法归纳为水文学法、水力学法、栖息地模拟法、整体法、综合评估方法及其他方法。其中，水文学法是以河流长系列径流数据为基础，结合河流生态水文学相关理论及实地水生态调查成果,从而评估生态流量的一类方法,这类方法对资料的要求不高,在现阶段得到广泛应用;基于历史流量基础的水文学方法得到了最为广泛的应用,Tennant 法及其改进方法是其中最有代表性的方法,考虑水质因素的 7Q10 法也较常用;水力学法中的 R2CROSS 法以曼宁公式为依据,以保护水生物栖息地为目标进行生态需水计算;基于生物学基础的流量增加法(IFIM)是一种应用较为广泛的栖息地模拟方法;基于河流系统整体性理论的分析方法包括南非的 BBM 和澳大利亚的整体评价法等。现有的这些生态需水计算方法大多数是建立在一定假设的基础上,研究对象多选取的是特定的生物保护目标,研究多侧重于河流最小生态流量,有各自的使用范围及其优缺点,见表 1.1。

表 1.1 河流生态需水计算方法概述

计算方法类别		适用范围/条件	优 缺 点
水文学法	月保证率法	基础水文资料充足	优点:操作简单,可作为战略性管理方法使用; 缺点:没有考虑栖息地、水质等因素
	Tennant 法	有历史资料记载的地区均可以应用	
	RVA 法	需要 20 年以上连续的日流量序列	
	7Q10 法	近 10 年的月实测径流资料	
	最小月平均实测径流法	月实测径流资料序列较长	
水力学法	R2CROSS 法	具有水力学临界参数	优点:考虑了栖息地因素; 缺点:体现不出季节变化
	湿周法	河道水力参数(宽度、湿周等)	
栖息地模拟法	IFIM	水文资料、生物监测资料	优点:考虑了水生物因素 缺点:数据需求量较大,数据获取困难
	河道生物空间最小生态需水	水文资料、地形资料、生物资料	
	生物生境法	地形资料、生物资料	
整体法	BBM	水文资料、生物资料	优点:考虑了河流整体系统稳定和专家意见; 缺点:工作量大
	HEA	水文资料、实地调研	

国内对河流生态需水计算的研究和应用方面,因为对生态需水目标的理解与确定存在差异,还没有形成具有普遍适用性的计算方法。在水资源规划评价的相关分析中,普遍应用近 10 年最枯月平均流量法,或将 90% 保证率河流最枯月平均流量作为河流的环境用水;此外,分析河流污染物稀释自净的需水量时主要考虑河流的水质目标。近年来,基于水文学的 IHA/RVA 法得到广泛应用,该方法强调流量的变化性,通过确定的和生态有关的水文指标体系来分

析河流的水文变化状况和河流生态需水问题（Mathews，等，2007）。

随着河流健康研究的不断深入，以及不同区域、不同尺度相关研究的持续开展，人类对河流生态系统的复杂性和动态性有了更为深刻的认识，基于理化水质指标、河流形态及水文指标、生物物种指标等开展综合性河流生态系统健康评估，已经形成基本共识，从综合和系统的角度评判河流健康状况已经成为河流保护与管理的国际趋势。

1.2.3 生态需水调控研究

生态需水调控是针对水库及库群调度运行造成的一系列生态环境问题提出的新兴水资源调控方式，旨在缓解水利工程修建运用的负面生态效应，维护或改善河流健康。合理评估影响区复合系统生态需水过程是制定水利工程生态调度方案的前提及依据。生态调度的概念和内涵的理解，存在诸多表述，其差异主要集中在人类需求与生态目标的优先次序问题上。与传统的水库调度方式相比，水库生态调度将生态目标纳入水库调度中来，在调度过程中协调防洪、兴利、生态等多方面的要求，在兴利除害的同时维持或修复河流生态健康，从而实现河流水资源的可持续利用。

生态需水的确定和配置需要综合考虑区域水资源系统的状况，进行科学调控。针对河流生态健康及需水问题，为减轻水利工程对生态的影响，需要考虑经济、水文、生态、环境等众多方面，合理调配生态水量。现实条件下，可行的途径是通过制定合理的水利工程调度规程来减缓其对生态环境的影响，也就是开展生态调度。生态调度是伴随水利工程对河流生态系统健康问题研究而出现的概念，和常规调度相比，生态调度强调在河流生态需水目标的条件下，协调防洪、发电、供水、灌溉、航运等社会经济多种目标用水需求，以实现经济、社会、生态效益统一。

水利工程进行调度的研究始于 20 世纪初，基于实测的水文要素，进行水利工程洪水调节；20 世纪 40 年代，闸坝的优化调度问题被提出；20 世纪 50 年代后，随着系统分析及优化模型的引入，闸坝调度理论和应用不断发展。20世纪 80 年代以来，发达国家的河流管理进入河流生态修复阶段，将生态调度作为河流生态修复的主要手段，从调整大坝的运行调度方式入手，开展了大量水利工程的生态调度理论研究及实践。20 世纪 90 年代以来，国际上许多专家学者认为可以通过合理的闸坝调控使闸坝发挥更多的积极作用，减少其负面影响。这一时期，一方面加强了对水质水量模拟调控模型的研究和应用，如Delft3D、DHI - Mike 和 WASP 等模型在国内外都得到了广泛应用；另一方面将动态规划、非线性规划、网络分析方法、智能算法（GA 算法、模拟退火算法、蚁群算法等）等广泛应用于闸坝优化调控研究中，使得以闸坝防洪、发电、灌溉、供水、航运等综合利用效益最大为目标的闸坝优化调控理论得到了迅速发展。并且，在实践方面，国外也开始了相关的应用研究，1991—1996年美国田纳西流域管理局以最小流量及溶解氧为目标，对 20 个水库闸门的调控方式进行优化调整；1996—2000 年美国科罗拉多河上的格伦峡大坝改变闸门的调控方式，增大春季水库下泄流量，以改善和修复水环境；2000—2001年澳大利亚在墨累-达令河上开展闸坝调控，释放生态流量，营造天然洪水过程。在闸坝调控的具体研究方法方面，模拟和优化调控相结合的闸坝调控技术，越来越成为闸坝调控的热点问题，两者可以相辅相成。模拟调控计算成果作为优化调控的目标函数或约束条件，使优化调控生成的方案更加合理、实用，也可以把优化调控模型生成的多种调控方案用模拟调控模型来验证，找到最佳的调控方案。国外生态调度的研究与实践具有以下特点：一是生态调度目标具有明确针对性，并且纳入流域综合管理之中；二是针对生态调度引起的利益关系调整，普遍通过立法、公众参与加以解决，国家通过立法，明确了河流保护的生态目标和河流生态管理程序；三是强调流域的适应性管理，通过加强实验、监测、研究和及时反馈来降低生态调度中的不确定性。

我国于 20 世纪 60 年代开始水利工程优化调度的研究与应用。根据调度的不同目标和需求开展了大量的研究，调度实践经验也在不断丰富（崔国韬，等，2011）。对于河流而言，生态调度主要是通过优化调整工程调度方式，保障河流生态系统的健康或者促进河流的生态修复。在调度模拟分析与应用方面，张永勇等（2007）通过构建基于 SWAT 的水质水量模型，开展了淮河流域闸坝联合调度研究，分析了闸坝调度的水环境影响；胡和平等（2008）提出了基于生态流量过程线的水库优化调度模型；梁友（2008）提出了基于生态预留的多准则水量分配模型；张洪波（2009）建立了基于流量目标的水库多目标中长期与短期调度模型和基于结构目标的水库多目标调控模型，并应用于黄河流域；金鑫（2012）提出了基于生态流量分级控制的水库群调度规则模式，并应用于滦河流域；赵越（2014）提出了考虑多重生态需水的水库多目标生态调度方法，并应用于长江流域。我国已实施的生态调度主要包括：以保护水质为目的的应急调水，以减轻泥沙淤积为目的的泥沙调度，以保护河流下游湿地或植被生态等的应急补水，面向河流生态健康的供水水库群联合调度研究等。现阶段，针对具体河流进行生态调度的基础理论研究工作正在进行，以多闸坝的淮河流域为例，左其亭等（2013a）构建了基于优化-模拟的闸坝调度模型，以沙颍河典型闸坝为例进行了闸坝水质调控模拟研究，分析了闸坝对重污染河流水质水量的作用规律，构建了闸坝对河流水质水量影响评估及调控能力识别研究框架，并就闸坝群联合调度进行了研究。总体来看，我国在闸坝生态调度方面的实践基本处于探索阶段，主要集中于对水库调度运行造成的某一特定生态

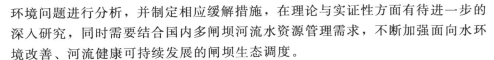

环境问题进行分析，并制定相应缓解措施，在理论与实证性方面有待进一步的深入研究，同时需要结合国内多闸坝河流水资源管理需求，不断加强面向水环境改善、河流健康可持续发展的闸坝生态调度。

在生态环境保护与经济社会协调发展的目标要求下，能够协调生态用水和生产、生活用水的保障研究也受到越来越多的重视，我国学者对此也做了大量的研究，包括通过经济学手段来分析协调生态用水与工农业用水的比例，并在保障生态用水的情况下，指出通过提高用水效率、发挥生态效益等手段来提高整体的经济效益，提出通过水资源费及水权转让发展高效节水农业保障生态水权等。总体来说，国内针对生态需水保障措施有很多，主要包括经济补偿、法律法规建设、生态调度、跨流域调水、提高水资源利用率等方面，这些措施常以保障经济社会利益为主要目标，兼顾生态需水，而直接以生态需水为首要目标的保障机制研究还不是很多，也缺乏对生态需水保障措施的系统总结。国外生态需水保障方法的研究相对比较成熟，早在 20 世纪末期，就开始强调在水资源的规划和管理中需要更多地考虑环境需求，多方位地协调生态系统与人类社会之间的用水矛盾，指出可通过生态调度保障生态系统的水资源需求，并利用计算模型对河流的水温及溶解氧在不同调度模式的变化进行模拟，以此评估对鱼类繁殖的影响，进而获得合理的调度方案等。整体来说，国外多采用非工程措施，包括合理的水库调度、水资源规划、立法、经济补偿等，但这些措施也都是比较零散地出现在生态需水的研究中，没有形成一个完整的独立体系。

1.2.4　存在问题

对应和受限于不同阶段的经济社会发展水平，人类与河流之间的关系演变历程包括原始自然阶段、工程控制阶段、污染治理阶段和生态修复阶段。当前，河流健康理念已被广泛认知，对水利工程生态效应的研究得到重视，生态需水调控研究取得进展，水资源和水环境保护与修复正全面展开，但是在实际应用中，仍存在诸多问题和困难，影响着河流可持续管理目标的实现，主要体现在以下方面。

1. 对水利工程的生态水文效应认识不足

水利工程的生态环境影响突出表现为对周边和流域生态系统的严重干扰。仅仅从环境要素的变化来认识大型水库工程对生态环境的影响是非常不够的，可能产生不全面甚至不正确的判断，而且由于水利工程的生态效应的滞后性和累积性以及我国现有研究中存在的不足，很难对水利工程生态负效应进行跟踪与研判，进而造成环境影响评价可能与实际生态后果的差距很大、对生态与环境影响的广度与深度往往估计不足、难以评估多个工程的叠加影响和累积效应等。国内的水利工程的生态效应研究，大多围绕在水利工程的环境效应评价方面，对评价指标体系与方法的研究较多，但是实际应用案例尚较少；大坝对水文情势改变的评价研究较多，但对其生态效应及维护河流生态基流的研究较少；大坝对流域生物多样性及其功能影响的研究还不足。

针对闸坝对河流的影响，需要基于水文、水质和水生态监测，探明多闸坝河流的水文及水生态效应，进而为明确闸坝河流生态需水概念和确定河道生态需水目标提供依据。科学辨识水利工程的生态水文效应是进行水资源可持续管理的前提。国内外对水利工程的生态水文效应的研究包含了水文、水质以及生物变化等多个方面（姚维科，等，2006）。从研究内容来看，针对各方面建立了较多的评价指标体系与方法，但在河流生态效应的量化方面应用较少，缺乏可以适用的水利工程生态效益评估量化指标，需要针对特定区域开展典型区研究。

2. 河流生态需水评估方法的适用性不强

大型水库工程的生态环境影响突出表现为对周边和流域生态系统的严重干扰，可能产生较大的潜在影响。仅仅从环境要素的变化来认识大型水库工程对生态环境的影响是非常不够的，可能产生不全面甚至不正确的判断。而且由于水利工程的生态效应的滞后性和累积性以及我国现有研究中存在的不足，很难对水利工程生态负效应进行跟踪与研判，进而造成环境影响评价可能与实际生态后果的差距很大、对生态与环境影响的广度与深度往往估计不足、难以评估多个工程的叠加影响和累积效应等。国内的水利工程的生态效应研究，大多围绕在水利工程的环境效应评价方面，评价指标体系与方法的研究较多，但是实际应用案例尚较少；大坝对水文情势改变的评价较多，但对其生态效应及维护河流生态基流的研究较少；大坝对流域生物多样性及其功能的影响研究不足。

近年来，国内针对河湖管理开展的理论研究和实践应用方面，先后提出了健康黄河、健康长江、健康珠江、健康太湖等理念。关于生态需水研究，最初主要针对我国严重的水生态、水环境问题，从保护、恢复和改善生态系统角度来定义生态需水等。针对河道生态需水，目前多是从保护生态系统健康方面和生态系统本身的结构与功能，以及维持生态系统健康与稳定角度来定义和分析生态需水等。大多数生态需水研究特别是河流系统生态需水的研究，主要是借鉴国外的相关研究理论和方法，这些理论和方法尚不能满足我国生态环境背景及建设和管理实践，使得相关生态需水研究往往是理论上的核算，在实践中却难以利用。综合国内在生态需水方面的研究状况，可以看出：流域生态需水研究依据主要是生态健康评价等级，并应综合考虑各方面因素；研究目标主要是维持生态系统健康，促进社会和环境和谐发展；需水内容主要包括生态系统健康评价、需水量评估、水资源优化和管理；理论基础包括环境科学、生态学、水文学、水力学和系统论，环境科学和生态学是流域生态需水研究的主要理论基础。国内对于流域生态需水的研究趋势，普遍认为：流域生态需水研究的薄弱点是对生态-水分耦合作用机理的研究；流域生态需水研究关键点是生态目标的科学确定；流域生态需水研究创新点是需水分区与整合；流域生态需水研究热点包括流域生态系统与水循环的互动-适应性机制研究、流域生态需水和生态用水的相关性分析、基于水资源配置的生态需水合理调控与管理。需要进一步加强生态需水量基础理论研究，重点研究不同生态系统类型的运行机制、需水特征，研究适合不同河流或区域特征的生态需水量计算方法。

生态需水量是河流健康的主要指标，但其概念不一，方法较多，很少基于水生态系统与河流水文情势的作用机制或过程，基本停留在定性分析与宏观定量分析阶段；河流的生态需水评估大多关注河流生态系统对流量大小的单一水文要素需求，对河流水文情势与生态过程的内在关系不够重视（王俊娜，等，2013）；同时，研究方法没有形成不同区域、不同类型河流的标准评估方法，难以适应最严格水资源管理制度的管理需求。在现阶段生态调度相关研究中，研究多集中在水库的生态调度方面，其中，对于生态需水集中关注于河流生态流量，鉴于各种方法的局限性，国内外在进行生态需水量的计算研究中，往往结合实际情况，进行方法的改进。在国内，近年来一些学者提出了各自的计算方法，各种计算方法不一样，结果有时候差异较大。以淮河流域为例，由于淮河生态系统自身的复杂性，河道生态系统各部分的功能与生态系统的整体功能并不相同，由于地域特点的差异，天然河流本身的差异较大，加之污染和筑坝改变河流水环境和水文规律，淮河流域不同区域的河流生态系统结构和生态水文规律的均有各自特征，使得流域及区域的生态流量研究成果在不同的生态目标状况下其计算得到的结果差异较大。

针对多闸坝条件下的河流，从经济发展需求和河流健康目标实现方面，均需要合理的界定及确定生态需水量，为河流管理的具体实施提供依据，因此，需要针对生态需水研究中存在的问题，以多闸坝为特点的淮河流域生态需水为研究对象，并结合现阶段的河流开发利用及综合管理需求，提出具有可操作性的多闸坝河流生态需水计算方法。

3. 面向河流健康的生态调度实践缺乏

河流健康概念具有时空差异性、动态性、阈值性、针对性以及可控性等基本特征。当前，我国在社会经济水平、公众环境保护意识、不同主体利益调整的方式、生态调度研究水平、生态调度实践、法律法规制定等方面，都具有明显的差异。从实践和研究现状来看，我国水利工程生态调度中存在的主要问题：一是工程调度主要是应对自然灾害或生态灾难的应急性调度，并且主要通过行政手段实施，生态调度的长效机制尚未建立，严重地制约着生态调度的可持续性；二是生态调度以水质改善、减轻泥沙淤积和保护下游湿地为主要目标，以明确的生物物种或河道内生物栖息地质量改善为目标的生态调度尚无实践案例。

生态调度的开展具有鲜明的阶段性特征，生态调度已经融入流域综合管理。国内调度实践主要通过行政手段应对洪水灾害或水污染问题。因为生态调度的目标多而宽泛，无法形成完整的理论体系，服务于生态调度目的的工程布局、管理长效机制尚未建立，制约着生态调度的可持续性（谭红武，等，2008）。为改善和修复受干扰严重的河流水环境，需要系统分析闸坝对河流水文及水生态系统的影响效应，揭示闸坝河流水循环和生态需水之间的规律，确立闸坝河流生态需水的目标，研究基于水循环模拟的河流生态需水计算方法，核算河流生态需水量和需水过程，并逐步开展多闸坝联合下的生态调度实践。

总体来说，生态调度涉及社会、经济、环境等不同方面的需求，国内外并没有形成一套有效地规划、方案设置、情景模拟、效果评估的技术体系，均处于不断发展过程中，尤其是生态调度变化后的水生态响应（栖息地、生物多样性等）处于探索阶段。同时，现有生态调度研究中，尚未形成闸坝生态调度的理论体系，闸坝生态调度实施急需加强。结合当前生态需水的理论研究和生态调度实践，从不断发展的水资源管理需求来看，需要不断加强生态需水量基础理论研究，探索典型区域条件下的生态需水机理分析、调控体系（刘静玲，等，2010）；针对水资源和水环境问题突出的河流或地区，以维持生态系统健康、促进社会和环境和谐发展为主要研究目标，综合考虑各方面因素开展河流生态健康评价评估，在生态系统健康评价、需水量评估、水资源优化和管理理论与技术方法基础上开展生态需水研究。其中，针对受人类活动影响程度较高的多闸坝河流，探索闸坝生态水文效应及河流的健康需水要求研究，开展河流生态调度实践，是当前水资源研究的热点问题。

1.3　研究内容与技术路线

1.3.1　研究内容

本书以沙颍河流域为研究对象，分析闸坝对河流水文、水环境和水生态的影响，基于河流健康的理念，研究闸控河流生态需水计算理论与方法，分析确定沙颍河流域的生态流量需求，提出闸控河流生态需水调控技术和保障体系。主要内容包括以下几个方面：

（1）闸坝影响下的河流生态水文效应。基于研究区沙颍河流域的水文、水质等资料的搜集和整理分析，结合典型区域的前期和现状实地调查水生态数据，分析研究区水文、水环境及水生态系统发展和演变特征；基于沙颍河多闸坝特征，结合区域水资源和水环境管理研究基础，在确定典型闸坝和关键水文断面的基础上，采用水文改变度指标分析方法对闸坝工程的水文效应进行分析，识别和量化水利工程的生态水文效应，分析闸坝建设对河流生态系统的影响。

（2）面向河流健康的生态需水概念和内涵。明确河流健康与河流生态需水之间的相互关系。总结当前多种河流生态需水计算方法的特点和适用性，结合闸控河流生态需水的关键问题，在分析河流健康目标中需水相关指标的基础上，提出面向河流健康的生态需水概念、内涵和关键指标。

（3）面向河流健康的生态需水计算理论和方法。在广泛收集和综合分析河道生态需水研究相关文献资料的基础上，以河流健康为目标，基于生态需水关键指标分析，构建适用于闸控河流的生态需水计算方法体系。选取沙颍河典型河段作为计算单元，计算分析河流生态需水目标，确定沙颍河流域主要河流断面生态需水量及其过程。

（4）基于生态水文响应机制的闸控河流生态需水调控方法体系。基于闸坝条件下的生态水文效应分析，考虑水资源优化配置需求，构建基于生态水文响应机制的闸控河流生态需水调控方法体系框架；通过分析现有闸控河流生态调度模式，结合人类社会用水和河流生态恢复目标，构建考虑自然水流情势的闸坝生态调度多目标模型；采用多方案模拟技术方法，模拟不同闸坝调控措施下的河流生态需水状况，分析河流生态需水保障程度和调控效果。

（5）闸控河流生态需水保障体系研究。基于复杂水资源系统特征，结合闸控河流水资源管理、水污染治理和水生态修复保护等管理需求，基于河流适应性管理等理念，从水资源保障机制与生态环境保障机制构建等方面，提出闸控河流生态需水保障体系，并针对沙颍河流域水资源可持续管理提出相应措施，为闸控河流水资源管理提供参考。

1.3.2 技术路线

本书以闸坝河流生态调度为目标，以水资源学、生态水文学等为理论基础，综合水文统计分析、水文模拟等学科相关知识和技术，采用理论分析、数值模拟与检验相结合的方法，以河流生态需水和生态目标为基础，选取多闸坝的沙颍河为研究对象，在分析闸坝生态水文效应的基础上，从河流健康的角度，提出闸控河流生态需水调控理论与方法体系，并开展实践应用。

本研究技术路线见图1.1。

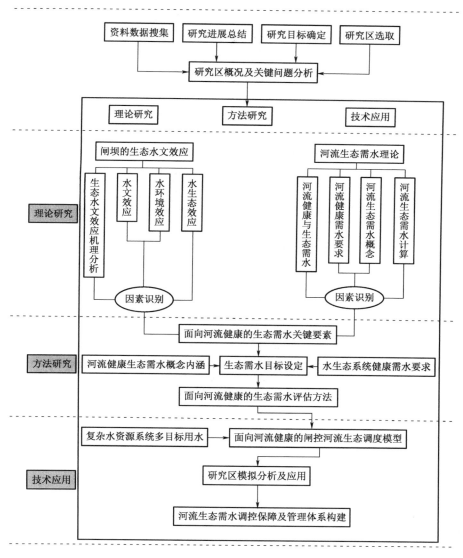

图 1.1 技术路线图

第 2 章　研究区及其河流生态环境状况

2.1　自然地理

2.1.1　区域范围

以沙河为源,沙颍河发源于河南省鲁山县,在周口市与颍河、贾鲁河汇合后称沙颍河,向下游继续流经周口市和安徽省阜阳市,在沫河口流入淮河。沙颍河流域范围涉及河南省郑州市、许昌市、汝州市、平顶山市、南阳市、漯河市、周口市和安徽省阜阳市等 40 个县（市）,地理坐标为东经 $112°45'\sim$ $113°15'$、北纬 $34°20'\sim34°34'$,流域范围以北为黄河流域,东为涡河流域,西为伊洛河流域,南为长江流域和洪河流域。

沙颍河是淮河中游左岸最大支流。从沙河发源地至入淮河口,河长 630km,流域面积 $36651km^2$,约占淮河流域总面积的 1/7。周口以上为沙颍河上游,河长 324km;周口至安徽阜阳为沙颍河中游,河长 174km;阜阳以下至沫河口（入淮河）为沙颍河下游。沙颍河支流众多,流域面积大于 $1000km^2$ 的一级支流有北汝河、澧河、沙河、贾鲁河、新运河、新蔡河、茨河、泉河等。

2.1.2　地形地貌

沙颍河流域地形总体态势为西高东低,南北高、中间低。以京广铁路为界,西边主要为山区和丘陵区,山地受到外力的侵蚀作用,地形比较复杂;东边主要为平原区,受到流水作用,使得岭岗和洼地微地貌广布其间,山区向平原区过渡带有一个宽广的丘陵区。沙河干流漯河以上山区海拔为 $600\sim1500m$;东南部平原高程为 $30\sim100m$,至入淮口附近地面海拔仅为 22m 左右。西部丘陵山地包括南阳和平顶山西部地区,自然坡度较大,自然坡降为 $1/300\sim1/700$,海拔为 $531\sim457m$。东南部平原地势坦荡开阔,地面高程一般为 $30\sim100m$,西部较高,包括漯河东部、周口西部,海拔为 $50\sim100m$,坡面比降为 $1/600\sim$ $1/2000$。东部地势较高,大致以周口市以东至安徽颍上一线为界,西部海拔为 $30\sim50m$,地面坡降为 $1/3000\sim1/6000$,因地势低洼,容易形成洪涝灾害。

沙颍河土壤主要有潮土、砂姜黑土、褐土和黄褐土等 4 个土类。东部平原按照空间划分可以分成两部分,以沙颍河为界,北部是以黄河冲积形成的平原，以南为淮河及其支流和湖积平原区，主要壤质是洪水冲积性黄褐土和砂质洪水冲积性潮褐土。由于受气候、大地构造、黄河和沙颍河冲积及人们社会生产活动的影响，流域内土壤结构大致以沙颍河为界，以南多为砂姜黑土，以北是在黄河历代南泛的冲积物上经过人们辛勤耕耘形成的潮土。这两种土壤土质疏松肥沃，都适于农作物种植，为流域农业生产提供了优越的自然条件。沙颍河流域内的天然植被具有明显的地带特点。栽培作物的地带性明显，北部以旱作为主，沿河两岸有少量水稻，下游水网地区以稻、麦两熟为主。

2.1.3 气象条件

沙颍河流域地处暖温带向亚热带过渡地带，属于北温带大陆性季风气候，季风明显，气候温和，四季分明，雨量适中，光热水组合条件较好。气候变化受季风及地形特征的影响，流域内年平均气温为 14～16℃，降水由东南向西北逐渐递减，降水量变化梯度大，西部山丘区为 800～1000mm，东部平原为 700～900mm，年内分配很不均匀，呈明显的季节性，汛期（6—9 月）降水量占全年降水量的 65% 左右，降水量年际变化很大，最大值是最小值的 5 倍。区域季风有明显的季节性变化，冬季多偏西北风，气候干冷，降水较少；夏季多偏西南风，气候潮湿，是全年降雨的主要季节；春季以东南风居多，秋季多东北风。年平均风速为 3.0～3.5m/s，月平均风速一年之中以春季为最大，尤其是 3—4 月，平均风速接近 4.0m/s，最大风速可达 13.5m/s。

沙颍河流域降水有两大特点：一是年际变化较大，多年平均降水量为 910.1mm，其中最大年降水量达 1616.3mm（1956 年），最小年降水量仅为 447.1mm（1932 年），相差 3.6 倍；二是年内分布极不均匀，每年降水量多集中在 6—8 月，占全年降水量的 60% 左右。汛期降水具有降水量大、降水延续时间长、短时间降水强度大等特征。主汛期一般在 6—8 月，洪峰多出现在 7—8 月。洪水主要受暴雨特征和地形特征影响，在汛期，由于东南暖湿气团内移，加之西部地形影响，流域内极易形成暴雨，为河南省暴雨中心地区之一，特别是在沙颍河漯河以西的沙河干流、北汝河、澧河 3 条河流上游，是暴雨中心经常所在地；沙颍河洪水也主要来自漯河以西，虽然漯河以上流域面积只占周口以上流域面积的 50% 左右，但大水年份漯河以上的洪量一般占周口以上洪量的 75% 左右。周口以下汾泉河流域也是暴雨多发地区，由于汾泉河防洪除涝标准低，往往造成洪涝灾害（王线朋，2000）。

2.1.4 水文地质

1. 地质条件

沙颍河流域位于华北地台南缘，属中朝准地台淮河台坳的淮南陷褶断带。

各构造单元均以区域性断裂为界，其基底和盖层存在明显的差异。自晚元古代开始，淮南陷褶断带相对下沉，接受数千米厚的盖层沉积。印支运动使盖层褶皱变形，形成淮南复式向斜。印支运动后，区内进入了陆内强烈活动阶段，并形成断陷盆地。流域地层隶属华北地层区淮河地层分区淮北地层小区，地表为第四系所覆盖。自下而上的地层分别为：寒武系，奥陶系中、下统，石炭系上统，二叠系下统、上统，三叠系，第三系，第四系。研究区大地构造单元属太和凹陷，由于下降趋势为主的大面积震荡运动，使该工作区沉积了巨厚的第四系松散物。由于地壳上升和侵蚀作用剧烈，以及最新淤积物的堆积，地貌也逐渐变得缓和、平坦，导致河流发育成平行状（水利部淮河水利委员会，1990）。

根据现有地质勘探资料，研究区地层 0～40m 深度内主要为全新统，40m 以下为上更新统。更新统上部（Q_3）仅在几个深度超过 40m 的井中见到；全新统（Q_4）下段顶板埋深 18～24m，厚度为 20m 左右；全新统上段分布于颍河、茨河两岸，岩性为浅黄色粉砂、亚砂土及薄层棕红色亚黏土，厚 0～4m。

2. 含水层分布特征

根据浅层钻孔所揭露的第四纪地层和含水层埋藏条件，研究区地层可分两个含水段：①Q_4^2 含水段主要发育于茨河以北，为古河床沉积，主要岩性为浅黄、灰黄色细砂，顶板埋深一般为 5～10m，个别达 15m 左右，底板埋深 21m 左右；其他广大地区含水段砂层发育较差，有时亦见粉细砂层，但厚度小，一般厚度为 2～4m，层次增多，有的达 4 层，沉积不稳定；在中部局部地区甚至没有含水层，仅有一些亚砂土分布；②Q_4^1 含水段主要岩性为灰色、灰黄色细砂，粉砂次之，顶板埋深一般为 25～30m，底板埋深为 33～38m，厚度一般为 4～8m，个别地区较厚。

3. 地下水的补径排条件

区内浅层含水层水位埋深受大气降水和蒸发影响。丰水季节地下水水位埋藏浅，上升明显，枯水季节水位逐渐下降。浅层地下水主要补给来源为降水入渗补给，据水文站试验资料，有大约三分之一的降水渗入补给地下水；其次为地表水补给、灌溉回渗；此外，上游地下水的径流，对浅层含水层也有少量补给作用。

浅层地下水径流主要受研究区地形的影响，自西北向东南，总体上与近代河流流向基本一致，但局部地区受到地形地貌的控制，流向河流或低洼处。地下水垂向径流受降水和蒸发的影响以水面交替升降运动为主，地下径流缓慢。在埋深为 15～36m 的土层中取样，用同位素年龄测得样本地下水年龄为 15～20 年，即天然状态下浅层水垂向径流缓慢；用同位素测得下部地下水年龄较高。不过，随着浅层水的高强度开采，水循环条件逐渐改变，地下水年龄近年来也逐渐降低。

研究区地势平坦，坡度很小，地下水水平方向径流缓慢。而水位埋深较浅，蒸发强烈，故垂直方向的蒸发作用为地下水的主要排泄方式之一。其次为侧向径流、开采及越流。枯水季节地下水水位高于地表河水水位，地下水补给河水，变为地表径流，构成地下水的另外一种排泄形式。

2.2 社会经济

沙颖河流域地理位置优越，自然资源丰富，交通便利，经济社会发展程度高。根据河南、安徽两省相关地区的统计资料，2015 年，沙颖河流域范围内总人口约 3872 万人，耕地面积约 3480 万亩。作为安徽、河南两省的主要农业产区，沙颖河流域是重要的粮、棉、油产地和能源基地，有丰富的煤炭资源，是我国重要的能源基地，工农业生产发展前景广阔。近年来流域内工业发展迅速，已形成较为完整的工业体系。近年来，随着以流域所在区为中心的中原经济区建设等区域经济发展战略的不断推进，沙颖河流域的区域位置重要性显著增强，经济社会发展水平也在快速发展和提高，对流域的水资源需求和水环境压力也将进一步增强。

2.3 水系结构

2.3.1 河流水系

沙颖河流域上游面积宽广，支流众多，至安徽省界以下区域少有支流汇入，流域呈现带状，中下游长期受黄河南泛的影响，对相应支流河道地貌造成较大影响。沙颖河主要的一级支流有 8 条，从上至下左岸分别为北汝河、颍河、贾鲁河、新运河、新蔡河和黑茨河，右岸为澧河和汾泉河，具体见表 2.1。

表 2.1　　　　　　　　沙颖河流域支流概况

支流名称	发源地	汇入点	河长/km	流域面积/km²
北汝河	嵩县	襄城县	250	6080
颍河	登封县大金店镇	周口市区	241.2	7348
贾鲁河	新密市白寨乡	周口市区	255.8	5896
澧河	方城县	漯河市区西	163	2787
汾泉河	郾城县	阜阳市城北	241	5222
新运河	太康县	淮阳县	58.7	1381
新蔡河	淮阳县	沈丘县新安集	86.4	1030
黑茨河	太康县	阜阳县茨河铺	185	2994

（1）北汝河。北汝河为颍河支流沙河的支流，流域全部在河南省境内，发源于河南省嵩县车村镇栗树街村北分水岭擦擦沟，流经汝阳县、汝州市、郏县、宝丰县、襄城县、叶县 6 个县（市），经襄城县与叶县、舞阳县交界的舞阳县军李村汇入沙河。全长 250km，流域总面积为 6080km²。襄城县以上河长215km，河床比降为 1/2800，其下至沙河汇口，河床比降为 1/4000。北汝河河床宽浅，主流不定，两岸汇入支流较多，流域面积大于 100km² 的支流有 18条。北汝河流域为淮河流域的暴雨中心，洪涝灾害较多，历史上多有治理。中下游的汝阳、汝州、襄城等为流域内工农业经济发达地区。

　　（2）颍河。颍河古称颍水，是沙颍河的重要支流，发源于河南省登封县火金店镇，自源头至周口入沙河处，全长 241.2km，流域总面积为 7348km²。颍河是淮河流域历史上航运、农业灌溉的重要水源，也是洪涝灾害严重的河流，中下游受黄河南泛的影响，支流变迁较大，历史上屡有治理，新中国成立后修建了昭平台水库、孤石滩水库等大量的水利设施。

　　（3）贾鲁河。贾鲁河为沙颍河左岸支流，由古鸿沟、汴水演变而来，因元代工部尚书贾鲁主持疏浚河道而得名。贾鲁河发源于新密市白寨乡，流经郑州市区、中牟县、开封县、尉氏县、扶沟县、西华县，在周口市注入沙河，全长255.8km，流域面积为 5896km²。贾鲁河沿岸植被良好，但其流经众多城市和乡镇，大量的城市污水和引黄灌溉排水入河道，造成贾鲁河一段时期内水体污染严重。

　　（4）澧河。澧河古称澧水，沙颍河右岸支流，发源于方城县，由西向东流经方城县、叶县、舞阳县至漯河市区西汇入沙河，全长 163km，流域面积为2787km²，河床比降平均约 1/3000。澧河上游为伏牛山的暴雨中心，又多为山区，历史洪涝较为严重，建有孤石滩等多座水库及防洪设施。

　　（5）汾泉河。汾泉河为沙颍河右岸支流，发源于河南省郾城县召陵岗，其上游泥河口以上称汾河，以下称泉河。流经郾城、商水、项城、沈丘，至河南、安徽省界武沟口（泉右），进入安徽临泉县境，东南向流，经界首县境南缘、临泉县城北、杨桥集北、大田集北，至阜阳市城北注入颍河。河道全长241km，其中安徽境内 98km；流域面积为 5222km²，其中安徽境内 1990km²。

　　（6）新运河。新运河发源于太康县板桥镇的大陆岗，干流长 58.7km，流域面积为 1381km²，重要支流有清水沟、黄水沟、流沙河和洼冲沟。流域跨太康、扶沟、西华、淮阳 4 县，是周口市重要的粮、棉、油生产基地。

　　（7）新蔡河。沙颍河左岸支流，历史上黄河多次南决冲积，河道岸线多次改变，新中国成立以后进行河道治理，经河南省淮阳县、郸城、沈丘县，在沈丘县新安集东入颍河。新蔡河全长 86.4km，流域面积为 1030km²。支流有老蔡河、黄水冲、七里河、狼牙沟 4 条中型河道，另有小型沟河 8 条。

（8）黑茨河。黑茨河发源于河南太康县，流经太康、淮阳、鹿邑、郸城、界首、太和及阜阳市境内。河道全长 185km，其中河南境内 100km，安徽境内 85km。流域面积为 2994km²，其中河南境内 1738km²，安徽境内 1256km²。受 1938 年黄河花园口决口之后黄河南泛的影响，河道淤积严重。1980 年茨淮新河通水后，在茨河铺分洪闸下入茨淮新河，成为茨淮新河左岸支流。

2.3.2 闸坝工程

为治理沙颍河流域的洪涝灾害，1951 年以来，在干支流修建了大量堤防工程，修建了白沙、白龟山、孤石滩、燕山、昭平台 5 座大型水库（表 2.2），总库容 30.2 亿 m³，另有 22 座中型水库以及许多小水库，对减轻颍河中下游洪水负担起了重要作用。

表 2.2　　　　　　　　沙颍河流域主要水库基本情况

水　库	集水面积/km²	总库容/亿 m³	特征水位/m					最大泄流量/(m³/s)
			死水位/m	正常蓄水位/m	设计水位/m	校核水位/m	汛限水位/m	
白沙水库	985	2.74	207.00	226.00	231.55	235.35	223.00	4830
白龟山水库	2740	9.22	97.50	103.00	106.19	109.56	101.00	3300
孤石滩水库	286	1.85	141.00	151.02	157.07	160.69	151.50	2610
燕山水库	1169	9.25	95.00	106.00	114.60	116.40	103.80	—
昭平台水库	1430	7.13	159.00	167.00	177.60	—	167.00	4680

在治理洪涝灾害的同时，建成水库塘坝灌区、河湖灌区和机电井灌区三大灌区体系，为发展灌溉和改善航运，在沙颍河流域内修建了多座大型水利枢纽。目前，干流主要有 7 座水闸（表 2.3）：黄桥闸、周口闸、郑埠口闸、槐店闸、耿楼闸、阜阳闸和颍上闸。在沙颍河干流上，按照闸坝所在位置，可以分为"昭平台水库-白龟山水库-（大陈闸）-马湾拦河闸-漯河沙河橡胶坝-（黄桥闸）-沙河周口闸-槐店闸-耿楼闸-阜阳闸-颍上闸-范台子"几个河段。

表 2.3　　　　　　　　沙颍河流域主要闸坝基本情况

水　闸	建成年份	设计水位/m		校核水位/m		设计流量/(m³/s)	最大泄流量/(m³/s)
		闸上	闸下	闸上	闸下		
黄桥闸	1981	53.00	—	—	—	1540	
周口闸	1975	50.39	50.23	50.68	50.5	1520	3200
郑埠口闸	1998	45.58	45.38	—	—	3510	3870

续表

水　闸	建成年份	设计水位/m		校核水位/m		设计流量/(m³/s)	最大泄流量/(m³/s)
		闸上	闸下	闸上	闸下		
槐店闸	1971	40.88	40.34	41.37	40.83	3200	3500
耿楼闸	2009	37.02	36.77	37.91	37.66	3910	4770
阜阳闸	1959	32.25	31.85	33.47	32.80	3000	3500
颍上闸	1981	29.01	28.76	—	—	4200	4200

2.4　河流水生态系统状况

2.4.1　河流形态

（1）河床演变。沙颍河历史上是重要的行洪排涝、航运灌溉水道，也曾是南粮北运的主要通道，历史早期在颍河右岸有大量田地进行引水灌溉。后来因黄河泛滥，使得沙颍河的漕运及灌溉系统均被破坏。沙颍河上游受黄泛影响较小，周口以下干流则长期受到影响，特别是黄河夺淮，使得颍河北岸各支流淤塞严重，导致内涝灾害连年不断（苏丹，2014）。

沙颍河地处淮北平原，河流较大的弯曲段较多，水流对弯曲河段冲蚀作用强烈，由于沙颍河河床、岸坡多为壤土、砂土，抗冲刷能力差，弯曲河段河岸淘蚀崩塌问题严重。通过修建堤防、险工及护岸等工程对全线进行系统治理，如今沙颍河整体河势已经比较稳定，冲淤基本平衡。根据周口水文站和界首水文站建站前后河道横断面变化情况资料分析可知，当前的河流断面整体形状保持稳定，由于相关区域河流渠道化、河床过水断面规则化以及岸坡的硬质化等，相对于天然条件下的河流水文状况，将会对水流的边界条件产生影响，引起河流水力因子改变，并可导致河流生态系统结构功能的变化。

（2）河流连通性。沙颍河干流全长 630km，截至 2010 年，沙颍河干流共建成大型闸坝 8 座。闸坝工程的修建，使得流域水系的连通性受到严重的破坏，进而影响到整个河流的生态系统。根据朱党生等（2010）提出的河流纵向连通性指标阈值，沙颍河干流的纵向连通性指数为 1.27，属于连通性较劣的河流。

2.4.2　河流水文变化特征

河流水文状况的变化受降水、蒸发、人类取用水等因素的综合影响。通过对沙颍河干流的漯河、周口、界首和阜阳 4 个水文站点 1956—2012 年实测月流量数据进行分析，各断面年均径流流量变化趋势见图 2.1。

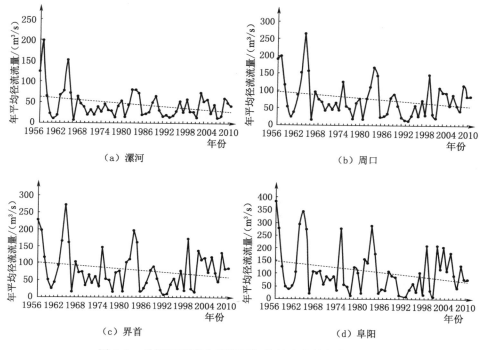

图 2.1 沙颍河干流典型断面年均径流流量变化趋势图

从整体上看，4 个水文站点的年均经流流量呈现减少的趋势，整体的丰、枯变化趋势基本相同。在 20 世纪 60 年代以后，漯河水文站控制断面的流量主要来自于上游沙河，随着昭平台水库和白龟山水库的建设运行，经流流量主要受到两个水库工程的影响，漯河水文断面的径流流量呈现减少的变化趋势；周口水文站控制断面流量为上游沙河和颍河的两个支流来水总量，同时受到周口闸的调节，水文断面年均径流流量呈现减少趋势，周口闸下有贾鲁河汇入沙颍河干流，将对下游流量产生新的影响；界首水文站作为省界控制断面，径流量的变化过程整体表现出减少的趋势，同时界首水文站上游临近的河道内闸坝工程为槐店闸，区间无其他支流汇入，结合槐店闸流量过程对比分析，其水量变化趋势和槐店闸的出流情况保持一致；阜阳站年径流流量变化呈递减趋势变化，同时，沙颍河阜阳以下至淮河口无支流汇入，该水文断面的流量过程可基本反映整个河流的流量变化情况，即沙颍河多年平均年径流量呈现递减趋势。

河流流量的丰枯周期性变化会对河流生态系统的特征和生物多样性产生决定性的影响（张洪波，2009）。径流年内分配不均匀系数 C_{vy}［月径流流量与参照状况（多年平均）月径流流量年内分配比例的差异程度］可以反映河流径流

年内变化的剧烈程度，是河流生态功能表征的重要参数，计算公式为

$$C_{vy} = \sqrt{\frac{\sum\limits_{i=1}^{12}\left(\dfrac{K_i}{K}-1\right)^2}{12}}$$

(2.1)

式中：K_i 为各月径流流量占年径流流量的百分比；K 为各月平均径流流量占全年径流流量的百分比。

C_{vy} 反映径流分配不均匀程度，该值越大，表明各月径流流量相差越悬殊，即年内分配越不均匀，反之则相反。

沙颍河干流典型断面 C_{vy} 变化趋势见图 2.2。可以看出，所选取的 4 个水文站点的径流流量 C_{vy} 变化趋势基本形同，大致可以反映出上下游的不均匀系数变化趋势呈现一致性。根据沙颍河流域的水资源开发和利用情况，可以认为是流域内大量闸坝等水利工程的建设，加强了对河流水量的调蓄作用，闸坝调控使得下泄流量呈现出流域的相似规律。

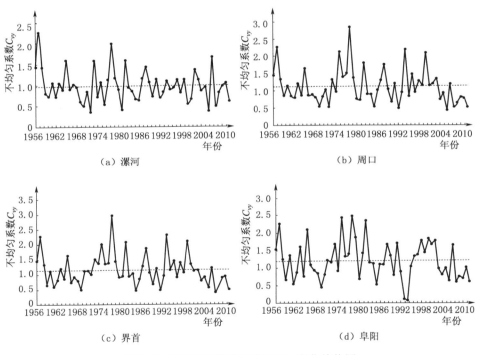

（a）漯河　　　　　　　　　　　　　　　（b）周口

（c）界首　　　　　　　　　　　　　　　（d）阜阳

图 2.2　沙颍河干流典型断面 C_{vy} 变化趋势图

2.4.3　河流水环境状况

沙颍河流域地势相对平坦，平原面积较大，历史上受黄河南泛的影响时间

较长，受自然条件及大规模开挖沟渠、修筑闸坝等人类活动的影响，流域内水系结构较为复杂；同时，流域内跨行政区域的河流较多，在水资源综合开发利用和统一协调管理上受到一定的影响，在洪涝的处理和水资源开发利用方面也造成了诸多问题。颍河流域水事矛盾和纠纷比较多；导致流域水管理面临重重困难。这些复杂的问题决定了治淮任务的长期性、复杂性和艰巨性。沙颍河流域水质的恶化始于 20 世纪 70 年代，随后出现逐年恶化趋势。由于沙颍河流域经济社会发展程度高，污水处理率低，大量污水排入河道，加之河流水量大幅减少，河流稀释自净能力极弱，导致河水严重污染。自 1995 年开展大规模水污染防治工作以来，经过持续的综合治理，流域水质得到了一定的改善，但面临的水污染整体形势仍比较严峻（高红莉，等，2010；郝守宁，2014）。根据沙颍河 1998—2011 年的水质监测数据分析可知，流域的水质总体评价均较差。水质良好、可以作为生活饮用水水源地的符合Ⅲ类以上水的比例不足 33％；近 50％的水质为Ⅴ类和劣Ⅴ类，属于严重污染水体，部分污染严重的二级、三级支流已经不能适应农业用水要求，尤其在非汛期，Ⅴ类和劣Ⅴ类水质超过 50％。

根据 2000—2011 年《河南省环境状况公报》的综合分析，沙颍河流域水质主要超标项目为高锰酸盐指数、化学需氧量、氨氮等。从空间分布上看，各类污染总量负荷上游最大，其次为中游，下游各类污染负荷量最小。从时段上来看，冬春季节河流水污染状况明显高于夏秋丰水季节。就流域整体而言，汛期水质较非汛期差，其中，沙河汛期水质较非汛期恶化明显；颍河在非汛期水质污染严重，汛期水质有较大改善；贾鲁河汛期与非汛期均严重污染。

2.4.4 河流水生态状况

近年来，流域水资源管理和技术研究部门以及水资源、水环境、水生态等多个专业的研究人员针对特定的管理和研究需求，在沙颍河流域范围内开展了水生态状况调查和研究工作。根据可查阅的相关研究成果，在流域内开展水生态调查的主要内容包括理化指标、浮游植物、浮游动物、底栖动物、河岸栖息地环境等。

笔者所参与的郑州大学水科学研究团队自 2012 年开始，同中国科学院地理科学研究所合作，每年两次（春季 3 月，冬季 12 月）持续在沙颍河流域开展水生态调查实验，为相关研究提供数据和资料积累。在此之前，2008 年淮河流域水资源保护局等单位开展了沙颍河流域水生态调查，其监测数据见表 2.4～表 2.7，该次水生态调查数据包括了沙颍河干流及干流上游沙河、支流颍河和支流贾鲁河的部分站点，根据相关分析结果可以看出，从空间分布来看，沙颍河干流的浮游植物数量和生物量相对于二级、三级支流多出现峰值，监测站点中，沙颍河阜阳的浮游动物数量和生物量最高，沙颍河底栖动物出现的频次，相对于淮河水系的其他支流，数量较多。

表 2.4 浮游植物数据分析表明，沙颍河水域的浮游植物数量和生物量变化趋势基本一致。

表 2.4　　　　　　　　　　浮游植物数量和生物量组成

河流名称	数量/(万个/L)	生物量/(mg/L)	各门藻类数量所占比例/%				
			蓝藻门	甲藻门	硅藻门	裸藻门	绿藻门
沙河	8.039	0.0422	96.55	0.00	1.73	0.00	1.73
颍河	321.532	0.2655	57.15	0.90	4.67	0.12	37.16
贾鲁河	88.544	0.2996	27.03	0.00	0.00	0.00	72.97

表 2.5 根据浮游动物的资料统计分析可知，调查水域的浮游动物的平均数量为 484.01 个/L，平均生物量为 0.9152mg/L。从空间分布来看，浮游动物的数量和生物量出现峰值，沙颍河阜阳的浮游动物数量和生物量最高。

表 2.5　　　　　　　　　　浮游动物数量和生物量组成

河流	数量/(万个/L)	生物量/(mg/L)	各类浮游动物数量所占比例/%					
			枝角类	桡足类	轮虫	无节幼体	原生动物	其他
沙河	39.750	0.5015	4.34	11.78	28.74	9.34	9.41	36.41
颍河	638.082	1.1119	1.77	1.91	66.28	19.15	8.35	2.55
贾鲁河	149.665	0.3612	69.71	0.43	29.16	0.00	0.16	0.55

沙颍河底栖动物出现的频次见表 2.6，根据水生态调查的数据结果，沙颍河干支流的底栖动物数量和种类相对于淮河水系的其他支流，数量较多。

表 2.6　　　　　　　　　　底栖动物出现频次统计

河　　流	寡毛纲	蛭纲	瓣鳃纲	腹足纲	甲壳纲	昆虫幼虫	合　　计
沙河	2	0	1	7	0	0	10
颍河	4	0	2	15	0	2	23
贾鲁河	4	0	0	0	0	1	5

舒卫先（2015）等 2013 年在白龟山至沙颍河入淮河口的沙颍河干流水域进行了鱼类资源调查，根据生境条件和闸坝分布情况选择 6 个采样点，共采集到鱼类 36 种，隶属 4 目 10 科。本书开展研究期间，在沙颍河流域进行

的鱼类取样调查统计情况见表 2.7，其中，沙河干流主要鱼类有 12 种，支流颍河主要鱼类有 10 种，支流贾鲁河主要鱼类有 6 种。

表 2.7　　　　　　　　　鱼 类 调 查 统 计 情 况

河　流	鱼　　类
沙河	鲤、鲫、餐、鳊、鲴、草鱼、大鳍鱊、无须鱊、银鮈、蒙古鲌、油餐、鳜
颍河	鲤、鲫、餐、银鮈、光泽黄颡鱼、鲶、凤鲚、高体鳑鲏、蛇鮈、油餐
贾鲁河	鲤、鲫、餐、大鳍鱊、银鮈、无须鱊

沙颍河流域的多项水生态调查相关研究成果均表明：沙颍河干支流的河道和相关水域水污染问题严重，水生生物资源遭受严重破坏，部分河流环境因长期水质污染出现水生生物锐减或藻类繁多的现象。这些严重问题导致水生态系统失衡，生态功能下降，生物多样性遭受破坏，危及水生态安全和河流健康（左其亭，等，2015）。

2.5　河流水环境问题分析

2.5.1　水资源及其开发利用

根据流域内河南、安徽两省的统计资料，沙颍河流域多年平均水资源量为 94.51 亿 m^3。流域内水资源开发利用程度高，特别是城市地区的水资源负载指数基本上在 20 以上，进一步开发的潜力很小，其中郑州、平顶山和漯河 3 个城市的水资源状况尤显紧张（陈杰，等，2011）。根据沙颍河流域历年水资源统计资料，用水总量总体呈现增长趋势，增长速率趋缓，供用水结构变化较大。沙颍河作为区域内主要的地表水水源，除了要承担常规的生活、生产和工业供水功能，还要承担保障流域的防洪安全和除涝任务，以及水污染防治和环境修复的重任，此外，随着对沙颍河航运开发利用程度的加大，还要尽可能考虑航运要求。

目前，沙颍河流域的工业化、城市化的步伐很快，随着经济发展、人口增长和生活水平的提高，流域内水资源紧张的形势将更加严重，对其进一步开发利用的需求也不断提高。根据流域的水资源管理状况，沙颍河的水资源和水环境管理目标首先是保障流域防洪安全，此外提供区域农业发展的灌溉用水，支撑流域的水环境和水生态安全，同时要服务于航运、城乡供水、岸线开发、综合利用等（苏丹，2014）。

2.5.2　水污染和水环境问题

沙颍河流域经济社会发展程度高，造成水资源短缺且水污染严重，同时因

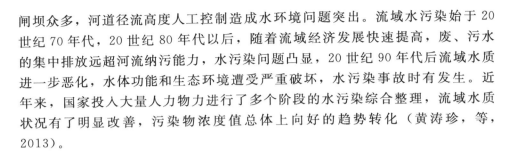

闸坝众多，河道径流高度人工控制造成水环境问题突出。流域水污染始于 20 世纪 70 年代，20 世纪 80 年代以后，随着流域经济发展快速提高，废、污水的集中排放远超河流纳污能力，水污染问题凸显，20 世纪 90 年代后流域水质进一步恶化，水体功能和生态环境遭受严重破坏，水污染事故时有发生。近年来，国家投入大量人力物力进行了多个阶段的水污染综合整理，流域水质状况有了明显改善，污染物浓度值总体上向好的趋势转化（黄涛珍，等，2013）。

2.5.3　水环境问题成因分析

（1）水资源开发利用程度高，导致和加剧水环境问题。沙颍河流域经济社会发展程度高，人均水资源占有量少，降水年际和年内变化大，进一步加剧了水资源利用难度。大量闸坝等水利工程设施的建设，形成了对水资源的高度开发，而粗放的利用方式加剧了用水紧张。生态环境用水被挤占，导致河流生态基流严重不足，河流污染物的稀释能力和自净能力严重不足。

沙颍河水环境问题的主要原因是废污水超量超标排致，通过对沙颍河流域水质问题的分析表明：生活污水和工业废水超量超标排放是造成该河段水质污染的根本原因（杨沈丽，等，2008）。受闸坝蓄水时间以及流量大小的影响，沙颍河的污染季节性波动较大，水质的年际变化与降雨量关系密切，尤其在水污染事件的发生阶段表现突出（王国欣，等，2012）。枯水季节，由于河流径流量较小，闸坝考虑区间用水经常关闭，污水长期积蓄极易构成污水团，集中下泄过程中造成沿河大面积突发性污染，对下游区域的用水带来了严重影响。针对沙颍河水质污染现状，急需以水域纳污能力为前提，按照最严格水资源管理需求，以闸坝工程为手段通过水资源调控，控制水质目标、改善河流环境。

（2）闸坝设施众多，严重干扰和破坏河流的健康状况。闸坝设施承担着灌溉、防洪、水污染防治、航运等任务，引发水资源和水环境问题的同时，因改变河流形态结构、干扰河流水文情势、破坏生物栖息环境，使得河流健康严重受损。沙颍河流域长时间受水利工程建设的影响大，闸坝建设和运行期间，对下游生态考虑较少，对河流生态造成了长期持续的扰动，已使得沙颍河区域河流生态系统发生明显退化。流域内闸坝破坏了河流水系的自然连通性，加之其他人为干扰，除了对水量和水质影响外，对生态系统影响严重。

淮河流域水污染问题始于 20 世纪 70 年代后期，进入 20 世纪 80 年代，随着流域经济快速发展和城市化进度加快，流域水体污染日趋严重，水污染事件时有发生。统计资料显示，1975 年淮河首次发生水污染事件，1982 年也相继发生。进入 20 世纪 90 年代，污染事件更为频繁。1994 年、1999 年、

2004 年沙颍河、淮河连续发生大面积水污染事故，对沿淮广大地区工农业生产和城镇供水安全造成严重威胁。

淮河流域水质与淮河流域的污染物输入、水文条件及淮河自身的自净能力紧密相关。淮河流域水资源开发利用程度过高，河流系统被闸坝群分割控制，导致水文情势发生改变，进而对水环境和生态系统产生影响。根据历史上出现的水污染事件发生的原因，可以把水污染事件分为两类：一类是河道本身水质较好，未处理的废水直接排放到河道，导致河水污染，这一类统称为突发性的污染事件，例如 1998 年发生的亳宋河工业废水污染事件，2000 年阜阳七里长沟水污染事件，2008 年发生的大沙河砷污染事件等；另一类是前期降雨稀少，污染物在河道闸坝中累积，河道已经污染严重，暴雨来临，污染物质随洪水下泄，导致其他河流的污染，这类污染事件统称为累积性的污染事件，例如1994 年和 2004 年发生的沙颍河、淮河大面积的污染事件。由于累积性的污染事件涉及的时间长和面积广，其危害程度非常大。

现阶段，沙颍河流域针对生态环境问题所进行的闸坝运行和管理，主要是在保护防洪安全的基础上，对突发水污染事件进行防治，虽在部分时段向下游河道放水，兼有生态环境效益，但尚无明确的生态任务及生态调度规程，缺乏明确的调度目标及规则。

（3）水资源系统内容复杂，管理工作具有长期性和艰巨性。以资源环境压力大、闸坝众多为典型特征的沙颍河流域水资源和水环境问题的产生、发展和解决，是一个长期的过程。流域的水生态环境受多种因素共同作用，近年来，沙颍河得到全面综合治理，但随农业现代化、工业化、城镇化而来的人水争地、水土流失、水体污染问题越发突出，水生态环境日趋恶化，洪涝频发，污水困扰，构成了流域经济社会发展难以破解的难题（张崇旺，2012）。流域治水管理急需贯彻生态水利的新思路，以流域为单元，统筹兼顾，实现水量、水质和水生态的综合平衡，使流域防洪建设、水资源开发利用、湿地开发、河流水质净化、河流水生态改善相结合，充分发挥河道管理的综合功能。

沙颍河流域在地理位置上处于南北气候交错带，天然基流缺失，河道上众多闸坝等水利设施对水生态环境影响极大。近年来经过大规模持续治理，流域水质得到了一定的改善，部分河段已具备进行水生态修复的条件，但流域水生态环境问题还需要通过长期的水资源管理进行解决。河流生态系统修复是一个逐步改善的过程，管理工作具有长期性和艰巨性。需要在经济社会发展的不同阶段，明确河流水问题产生的根本原因，遵循水环境治理科学规律，采取有效的技术和管理措施，实现河流水生态修复和水环境改善及水资源可持续利用。

2.6　小结

沙颍河流域自然地理位置优越、经济社会发展程度高。河流水系众多，人类经济社会活动及闸坝工程建设对河流自然生态系统产生明显影响。沙颍河流域的河流形态经过长期演变趋于平稳；河流水文情势受到闸坝等因素的影响，上下游的流量变化过程呈现一致性；河流水环境问题比较突出，水污染的形势严峻，水生态系统亟待恢复。

第3章 闸控河流生态水文效应研究

3.1 河流生态水文系统

3.1.1 生态与水文的关系

生态系统是在一定空间内由生物成分和非生物成分组成的一个生态学功能单元，包括大气、水、生物、土壤和岩石等，这些要素之间通过能量流动、物质循环和信息传递，与其外部环境之间形成相互联系、相互作用和相互制约，并保持自身的有序性和稳定性。生态系统的构成可分为非生物部分与生物部分，在生态学中，生物个体和群体所存在的生态环境称为生境，水在生境要素中是重要的生态因子，具有特不可替代的重要作用，既是生物群落生命的载体，又是能量流动和物质循环的重要介质。

生态系统功能包括生态服务功能和价值功能，这两种功能是人类生存和发展的基础。生态系统服务功能是指生态系统与生态过程所形成的，维持人类生存的自然环境条件及其效用（欧阳志云，等，1999）。人类在利用生态系统提供自然资源和服务的同时，也通过改变生境、生态系统结构和生物地球化学循环等方式对生态系统的服务功能产生影响，这些影响包括人类主动恢复和保育生态系统服务功能的积极影响，如生态系统管理、生态恢复、环境保护等，也包括人类活动对生态系统服务功能的不利影响，如水资源开发利用、土地围垦、海洋捕捞等（郑华，等，2003）。例如，水资源的开发利用对生态系统的水循环造成影响，进而导致水生生境受到破坏，生态系统服务功能下降，最终导致包括洪旱灾害加剧、湖泊湿地萎缩、水体环境恶化、水质污染严重、物种类型减少等诸多问题（郑华，等，2003）。生态问题的出现使得自然生态系统对人类和环境的服务功能大量减弱，促使人们开始关注生态系统的健康问题。Rapport（1989）指出，生态系统健康是指一个生态系统所具有的稳定性和可持续性，即在时间上具有维持其组织结构、自我调节和对胁迫的恢复能力。生态系统健康是保证生态系统功能正常发挥的前提，随着社会发展和认知水平的提高，生态系统健康在当代生态系统管理中的重要性不断增强，基于人类活动和生态系统之间的紧密联系和相互作用，健康的生态系统应具有以下特征：能够从自然的或人为的正常干扰中恢复过来，具有自我维持的能力，不会对别的系统造成不利影响，能维持人类和其他有机群落的健康等。同时，生态系统健康既包含生态学意义的健康，还包括经济学意义的健康和人类的健康（Costanza，1999；肖风劲，等，2002）。

生态系统与水文循环过程之间的关系发展和演变十分密切，人类在大规模开发利用水资源的同时，深刻影响着水文循环的天然属性，特别是对径流的形成条件、运动过程、耗散规律造成干扰，最终导致生态系统状况的改变（陈敏建，2007b；赖祖铭，1989）。人类活动对水文循环的影响主要包括两种途径，一是通过闸坝修建、农业灌溉等取水、用水和退水等活动使水量、水质的时空分布发生直接变化，二是在都市化建设、作物种植等活动中改变了流域下垫面状况及局地气候，进而对水文循环的相关要素造成影响（顾大辛，等，1989）。水文动态在时空上的变化特征，相应决定和影响着后续水文循环的整个过程，由于生态系统和水文系统之间存在密切联系，人类对资源的不合理开发将会影响到生态和水文过程，增加了生态系统危机发生的风险。

3.1.2　河流系统结构与功能

3.1.2.1　河流系统结构

河流系统的结构包括狭义的结构和广义的结构（刘玉玉，2015）。狭义的结构是指河流生态系统结构，包括河流生态系统的组分结构、时空结构和营养结构；广义的结构则是以系统论的角度来理解，认为河流是一个复杂的开放系统，河流系统可以分为河流生态子系统、社会经济子系统、自然环境子系统，各子系统要素与要素之间的相互作用构成了河流系统的结构。从生态系统角度讲，河流系统是陆地与海洋联系的纽带，在生物圈的物质循环与能量流动中起着重要作用。结构是系统内各要素相互联系、作用的方式，是系统的基本属性。河流生态系统结构主要体现在组成、时空和营养结构3个方面。

1. 狭义的结构

（1）在组成结构方面。河流生态系统的组成可以概括为生命支持系统（非生物环境）、生产者、消费者和分解者4类。作为生产者的植物（包括水生植物和浮游植物）利用太阳辐射，进行光合作用，为生物提供氧气的同时，也为较高级营养层供应食物。浮游动物、无脊椎动物、大小鱼类等浮游生物是消费者。微生物为分解者，是水生态系统中实现环境与生物之间物质循环与再循环的重要基础。植物在河流生态系统中，除固定能量的光合作用外，还是环境的强大改造者，能有力地促进物质循环。生产者是生态系统中活有机体所利用的一切必要的矿物质营养的源泉；植物借助光合作用和呼吸作用，促进了碳、氧、氮等元素的生物地球化学循环。消费者在河流生态系统中，不仅扮演着加工和再生产初级生产物的重要角色，同时，还能够调控和影响其他生物种群的结构和数量。分解者在河流生态系统中不断地进行分解作用，把复杂的有机质分解为简单的无机质，最终以无机物的形式回归到环境中。

（2）在时空结构方面。河流生态系统结构随时间呈现不同的变动。长时间为进化，中等时间为群落演替，短时间是在昼夜或季节上反映动植物为适应环境产生的变化。河流生态系统与其他生态系统相比，由于水流动的原因，在时间上则保持着一个动态变化的稳定过程。河流生态系统由于光照、水深、流速等非生物因素的影响，不论是在水平向、纵向还是垂向都具有较明显的异质性。河流断面由岸边到水中植被的变化极为明显，岸边以乔木或灌木为主，浅水区以湿地植物或挺水植物为主，而中心深水区则由藻类占优势。从垂向上来看，上层阳光充足，为绿带，或称光合作用层。绿带以下是消费者或分解者居处，常称作褐带。生产者、消费者、分解者各自内部以及相互的作用、联系，彼此交织形成网络式结构。

（3）在营养结构方面。河流生态系统中各成分要素之间最本质的联系是通过营养结构来实现，即食物链和食物网的形式。食物链交叉链锁，形成食物网。食物链和食物网是生态系统的物质循环和能量转化的主要途径。河流生态系统与其他生态系统的组成差异，构成了与之不同的食物链（网）。

2. 广义的结构

从 20 世纪 60 年代开始，学者们逐渐引用系统论的概念来研究河流，认为河流系统是一个复杂的开放系统，它以分水岭、河底和河口处的海平面或受水盆地为边界，河流系统和它周围的环境存在着能量与物质的频繁传输与交换，通常是通过河流系统内的各种要素和要素间的相互作用来进行。

Schumm 在 1997 年明确提出了河流系统概念，把整个河流看作一个完整的系统，从上至下划分为 3 个子系统：流域子系统、河道子系统和河口子系统。河流系统中有许多复杂的要素，在流域子系统中主要有坡度、地形、物质组成、植被、降水、温度、重力、地下水等；在河道子系统中有流量、流速、水流结构、河道物质组成、泥沙量及其组成、河道形态、河型、水化学性质等；河口子系统中有潮流、波浪、海面波动等。

从广义上来讲，河流系统不仅是一个物理系统，同时还是生态系统和社会经济系统。因此，河流系统是生物以及周围环境（包括自然与社会）各要素之间相互联系、相互作用、相互影响的动态变化综合形式，体现着连续的物质交换和能量传递，形成结构与功能协调统一的单元。河流生态子系统是河流系统的主体，自然环境子系统是生态子系统赖以生存的自然环境基础，社会经济子系统是生态子系统功能作用的对象。

由河流系统结构的分析来看，河流系统结构具有复杂性和多样性，不同学者从不同角度进行研究，其侧重点具有差异性。生态学要更偏向于河流生态子系统的研究，其河流修复注重于生态系统结构的修复，着眼于某一个特定的物种或生物过程的修复。水利学科则更关注河流的水流控制、河道改造和水资源开发利用。现实中的河流系统大小不均、形色各异，生物和非生物因子相互叠加作用不一，物质循环、能量流动及信息传递千差万别，呈现出复杂多样的河流系统。而随着社会的发展，人类活动包括流域土地利用、河流防洪建设、农渔牧业开展，也成为河流系统结构变动的一些重要因素。

3.1.2.2　河流系统的功能

河流系统的功能是指系统各要素与结构的动态过程。河流生态子系统与自然环境子系统的各要素之间组织在一起，具有物质循环、能量流动与信息传递等功能，这些功能是生态系统的基本功能，基本功能是系统的性质或过程，是系统本身的属性。河流生态子系统与社会经济子系统的各要素之间组织在一起，各要素之间相互作用、相互影响，主要体现了河流系统的生态服务功能。

（1）物质循环。物质既是维持生命活动的结构基础，也是储存化学能的载体。物质循环在生态系统流动过程中，遵循"物质不灭"定律，在不同的子系统或生物或环境间循环往复利用。河流系统物质循环的核心是水循环，其他物质的循环比如碳循环、氮磷循环以及泥沙等往往伴随着水循环过程。然而，水利工程的建设以及人类活动影响了河流系统的水循环，比如大坝阻断了水流，河道固化阻断了水的渗透，河道取水改变了水循环的方式，同时也影响了其他的物质循环。目前，学者也在日益关注持久性有机污染物在水中的迁移转化。

（2）能量流动。能量流动是生态系统中进行物质循环所伴随的能量变化。物质循环是能量流动的重要载体，而能量流动是物质循环的主要动力。系统的能量流和物质流紧密联系，相互依存，共同进行，维持着系统的发展和演替。人类活动对河流系统的能量流动的影响主要体现在水污染对河流初级生产力的影响，主要存在两种相反的结果：一种是重度污染导致河流黑臭化或将河道地下化，造成绿色生产者的衰亡，导致初级生产量下降；另一种是富营养化引起的藻类大量生长，导致初级生产量短期内上升。

（3）信息传递。信息是生态系统中引起生物生理、生化和行为变化的信号，可分为物理信息、化学信息、行为信息和营养信息。信息传递使生态系统有条不紊，维持系统平衡。鱼类的迁移、产卵等往往通过水温、流速等信息的反馈进行，人类活动对河流的改造影响了河流系统的信息传递过程。

河流功能是河流系统与其环境相互作用过程中所表现出来的能力与效用，

主要表现为河流系统发挥的有利作用。一般来讲，河流系统会根据环境条件或服务对象的状态和要求表现出多重、不同的功能与效益。从人类生态学角度讲，河流系统的服务功能是人类生存和现代文明的重要基础，主要指生态过程和生态系统所形成及维持的人类赖以生存的自然环境和效用。在"千年生态系统评估"（The Millennium Ecosystem Assessment，MA）中，生态系统服务功能分为供应功能、调节功能、文化功能以及支持功能四部分。

3.1.2.3 河流系统结构与功能的相互关系

河流系统结构与功能是相互依存和相互影响的。结构是河流系统内各要素相互联系、相互作用的方式，是系统的基础属性，河流系统要素与结构是系统功能内在的根据和基础，系统功能不能离开河流系统结构而独立存在，功能是要素与结构的动态过程，一定的结构表现一定的功能，一定的功能总是由一定系统的结构产生。结构是功能的基础，功能依赖于系统的结构。系统的结构决定了系统的功能，一旦系统结构发生改变，系统功能也随之发生变化，此外，功能又具有相对的独立性，可以反作用于结构，河流系统由于外界干扰，结构尚未变化，而功能先发生了变化，又反过来促进结构的改变，比如人类从河流中取水，河流首先转向淡水供应的功能，河流的结构比如滩地形态、水流形态尚能保持稳定，随着取水量的增加，逐渐过渡到另一种河流结构。因此，河流系统的结构和功能是相互影响的。

河流系统的退化主要体现在河流系统的结构与功能缺损或丧失。退化的主要原因是干扰，在自然河流系统经历的长期演变过程中，受到了自然界和人类活动的双重干扰和影响。自然界对河流系统的干扰包括气候变化、地壳变化、洪水、泥石流等。对于自然界的干扰，河流系统往往表现出一种自我修复的功能。人为干扰因素在各区域具有差异性，与社会发展水平、产业结构特征及生产手段和方式有关。城市化、工农业及生活污水排放、围垦、养殖、过度捕鱼放牧、超采地表水和地下水、工程建设、河道采砂等，改变了河流地貌、水文情势，造成了生物多样性的锐减、水土流失和水环境污染，对河流系统的干扰和影响如果超过负荷力，甚至是不可逆转的，往往需要人为的辅助修复措施。

河流系统具有结构与功能的整体性，人类活动对河流系统的干扰主要体现在片面追求河流的某一功能，人为地改造河流系统结构，随后导致河流系统的另一种或几种功能突然发生改变或逐渐退化，长时间作用下会导致河流系统结构发生不可逆的变化，甚至会反作用于目标功能使其退化。河流系统结构变化和功能退化可能是由一种或多种人类活动的共同干扰作用形成的，人类活动也可能导致一种或多个结构变化或功能的退化，有的可能直接作用于河流系统导致其结构变化或功能退化，有的可能是通过连锁反应间接作用。

河流系统对干扰的自我维持和恢复能力取决于河流系统的承载力,河流系统具有一定的承载力,例如环境容量是指生态系统能容纳污染物的最大负荷量,超过河流系统的承载力时,其结构和功能会产生不可逆的改变。

3.1.3　河流生态水文系统及其特征

　　河流生态系统的组成结构十分复杂,受自然发展和人类社会的共同影响。从生态系统服务的层次及功能方面考虑,河流自然-社会经济复合系统可划分为 3 个层级(金鑫,2012)(图 3.1),第一层级为河流廊道形态结构及水量、水质、水沙过程组成的河流廊道基本环境;第二层级由底栖生物、浮游生物、鱼类及以河流为栖息地的鸟类、两栖动物等所构成的河流自然生态系统;第三层级则是以人类取、耗、用、排水等过程为主体的社会经济系统。

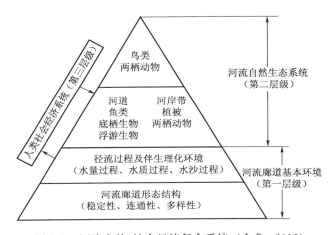

图 3.1　河流自然-社会经济复合系统(金鑫,2012)

　　河流生态系统中的各生境要素通过水循环过程联系在一起,由河流地貌、水文、水环境、水生态几部分组成统一的结构和功能,在各要素相互作用下,在不同时空尺度上,各要素表现出不同的形式及生态功能(陈进,2015)。在水域生态系统中,河流形态、水文状况、水质情况等都是重要的生境要素,其中水文要素起决定性作用,造就了多样的河床地貌,共同构成水生生物赖以生存的空间(丰华丽,等,2007)。水文要素主要在景观和流域尺度上影响生态过程和系统的结构与功能,而河流地貌、水环境主要在河流廊道和河段的这样相对较小的尺度上发挥作用(董哲仁,2009)。

　　河流生态系统同水文系统之间相互依存、相互影响,其中任意要素的改变都会引起对应系统的连锁反应,对河流系统整体造成影响(席秋义,等,2010)。进行河流生态水文系统研究,需要重点关注生态过程与水文过程的结合，来揭示河流生态系统的变化机理和演化规律（张洪波，2009）。河流结构、功能及其不同时空尺度下的动态变化特征，使得河流生态水文系统呈现出一定的特征（吴阿娜，2008）。

（1）系统性和整体性。基于河流形态等自然特征，河道、水生生物、河岸带等共同组成一个系统整体。河流生态水文系统是以河流为主体的复合系统，涉及的子系统包括河流生态系统、陆域生态系统、湿地及沼泽生态系统等，其显著特征是具有完整的水文循环过程，各子系统通过河流水系构成相互联系，具有生境支持、生物多样性维持及生态服务等多种生态功能（朱党生，等，2010）。整体性是生态水文系统结构的重要特征，河流系统中的各种水文及生态过程相互联系、相互影响并相互制约，局部河流的破坏或对河流某一生态过程的影响，都会波及河流系统整体。

（2）层级性与连续性。河流生态水文系统是由一系列不同级别的河流以连续、流动特性等形成的完整系统，河流物理参数的连续变化梯度形成系统的连贯结构和相应的功能，并通过河流物理结构、水循环等在河流生物系统中产生一系列的响应。河流生态水文系统的层级性特征，决定了对河流系统的评估需要首先对系统层级结构进行有效识别并分析其内在关系。

基于河流研究的范围和尺度，针对未受干扰的河流，河流连续体的概念被提出（Vannote，等，1980）。随着对河流生态系统认识的深入，Ward 等（1983）提出河流非连续性概念，并将河流生态系统描述为包括纵向、横向、垂向和时间分量的四维系统，河流在纵向上是一个线性系统，横向和垂直范围包括地下水对河川径流水文要素和化学成分的影响，河流系统的时间尺度反映在河道形态的自然变化或人类活动干扰的影响均需要很长时期（张水龙，等，2005），该理论综合考虑了人类活动对河流系统的影响，有助于揭示闸坝存在条件下河流生态系统变化规律。

（3）开放性和复杂性。天然条件下的河流生态系统的环境要素如河漫滩、土壤、地下水等构成一个处于动态平衡条件下的开放系统，并不断与邻近系统发生包括物质和能量的交换与循环。开放的河流生态水文系统为人类社会提供了巨大的资源效益，也因此受到人类活动的强烈影响，引起并不断推动系统的动态变化。河流系统开放性也使得环境系统的结构和功能及其相互关系复杂多样，由于河流系统各子系统间的相互关联和制约，尤其是人类活动对河流系统影响巨大，各项人类控制和干扰活动增加了系统的复杂性，人类活动对河流生态水文系统的正负效应往往具有不可预测性。

（4）动态性与不确定性。河流是一个动态系统，随着时间变化始终处于运动和变化过程中，并与周围环境及生态过程相联系。伴随着自然条件变化，河流存在周期性的以及非周期性的波动，如水生动植物种群内数量的变化、河流系统与外部环境相互作用产生的系统结构和功能的变化，以及人类活动对河流的干扰产生的河流管理模式、水文循环状况、水生生物状况等发生改变。由于环境系统边界的不确定性和动态变化性，系统内部与社会经济因素的复杂性以及各类变化及其程度的差异性，使得河流结构和功能存在一定的不确定性。在河流健康和可持续管理中，需要紧密关注河流生态系统的动态变化，不断调整河流管理策略，以适应河流系统的动态变化和应对不确定因素的影响。

3.1.4　河流生态水文效应

生态效应指人为活动造成的环境污染和环境破坏引起生态系统结构和功能的变化，如人为活动排放出的各种污染物对大气环境、水体、土壤等造成污染所带来的生态问题。水文效应是指由于自然、地理等环境条件改变所引起的水文变化或水文响应，环境条件的变化包括自然和人为两个方面，人类活动如闸坝修建等对水文过程的影响范围和规模在不断增长，影响或干扰程度也越来越大，目前对水文效应的研究大多着重于人类活动对水文情势的影响。

水文要素及水文特征对生物循环过程、生物群落和生态系统结构有着重要的影响。未受人类活动干扰的天然河流随着降雨的年内变化，形成了径流量丰枯周期变化规律。水文情势主要指水文周期过程和来水时间，是影响河流生态水文系统健康的主要因素。同时，生态系统随河流水情变化表现出显著的季节性特点，构成生态水文季节（丰华丽，等，2007）。水文情势作为河流生态过程的主要驱动力，其自然状态下的季节性涨落过程与水质、泥沙、地下水、地貌及水生生物生活史的更替过程之间存在天然匹配的契合关系（Bunn，等，2002；王俊娜，等，2013）。

Poff 等（1997）学者的研究表明，河流水文情势中的流量、频率、历时、发生时间和变化率是形成和维持水域生态系统完整性与多样性的 5 个关键因素。特定流量出现时间是水生生物进入新的生命周期的信号；流量出现频率的改变影响着河岸植被物种和群落；历时长短对生态系统产生一定的生存压力，影响着生物物种构成；变化率对河流生物物种影响显著。河流水文情势对河流生态系统的影响主要通过以下途径：一是改变栖息地的环境因子，二是形成自然扰动机制，三是作为河流物质能量流动的动力。因此，可以通过研究河流水文情势的变化情况来分析河流生态系统的状况，通过水文指标与河流生态系统之间的相互关系，从生态水文角度研究河流生态水文系统的健康问题（Mcmanamay，等，2013；Poff，等，2010；赵越，2014）。Richter 等（1998）在总结分析水文情势变化对河流生态系统影响的基础上，建立了水文改变度的指标体系（表3.1），为通过分析河流水文情势变化来了解河流水生态系统提供了方法。

表 3.1　　　　水文情势变化对生态系统的影响（Richter，等，1998）

水文指标类别	对生态系统的影响
月均流量	水生生物栖息地塑造、植被土壤湿度、陆地生物需水、动物的迁徙需水；水温，含氧量，光合作用
年均极值	植被扩张；生物体忍耐性平衡；河渠地形塑造；自然栖息地物理条件；河流和漫滩的养分交换；湖、池塘、漫滩的植物群落分布
年极值出现时间	生命体的循环繁衍；生物繁殖期的栖息地条件；物种的进化；鱼类洄游
高低流量频率与历时	植物土壤湿度的频率与尺度；洪泛区与河流的泥沙运输、渠道结构和底层扰动；水鸟栖息地条件
流量变化率与频率	植物干旱压力；低速生物体干燥胁迫；有机物生长分布的诱捕

河流生态系统同时受到自然因素与人类活动的影响，而人类活动对河流生态系统的影响程度正在逐渐增强。人类活动显著地改变了河流系统的天然状态，各地的天然河流系统为了适应人类的各种需求正在遭受不同程度的重大改造。

（1）自然因素变化。自然因素包括大尺度的全球气候变化以及中小尺度的降水与气温变化等，对河流生态系统的影响主要表现在对河川径流量的影响上面。在全球气候变化的影响下，降水格局、降水量、蒸发量都发生变化，进而导致地表径流减少、枯水季节入海流量的下降，如厄尔尼诺现象、拉尼娜现象等。其中，降水的多少对径流量有直接的影响，而以融雪补给为主的河流及干旱区的山区性河流，气温与径流量的相关性比较大。

（2）人类活动对径流影响。经济社会发展对水资源的需求正在逐步增加，作为淡水资源获取最为方便、有效的载体的河流必然会被进一步开发利用，河流生态用水也不可避免地被占用。同时，河道内的非消耗性用水（如水力发电等），也改变了河流的流量模式和质量，引起河流生态状况的变化。人类活动如森林砍伐、城市化、开垦农业梯田等，会改变下垫面条件、影响水文循环过程，引起河川径流的改变，打破原本生态系统适应的径流状态。同时，下垫面的改变也会影响河流中物质的含量，继而产生富营养化等一系列环境问题。

（3）水利工程建设对生态系统的影响。长期以来，大坝、水库等水利工程作为有效控制河流自然变化的手段被水资源管理者广泛采用，此举会引起河道水文特性的重大改变。水利工程可能会引起河流形态的不连续化及均一化。不连续化表现为：水利工程对河流的分割作用切断或者损伤了河流廊道本身的连续性，也就是说改变了河流生态系统正常的上下游物质能量传递，影响物种洄游繁衍。均一化表现为：河道的渠道化、截弯取直等工程，改变了天然河道结构多样化的格局，生境的异质性降低，进而导致河流生态系统的退化。

（4）河流水生态系统的变化。由于社会发展对物质需求的极度膨胀，河流生物资源被无节制地开采，破坏了河流物种间的生态系统平衡关系，引起河流生态系统的退化。河流也为经济社会发展提供大量的非生物资源，如河流泥沙作为重要的建筑材料被大量地采集，泥沙的采集改变了河道的原始地貌、破坏了堤岸，并且采集过程中会搅浑河水，破坏河流生境、污染河流，导致大量的生物死亡。因而，河流生物或非生物资源的采集也是影响河流生态系统的主要因素之一。自工业文明开始，人口的增长、城市化与工业化进程的加快，使得大量的工业废水、城市废水、农业面源污染物排放到河流中，超过了河流的自净能力后，致使不断出现水体富营养化、生物中毒死亡的问题，河流生态系统遭到严重的破坏。

自然因素和人为因素的共同作用导致河流水量的减少，同时又将未经处理的废污水排放到河流中，严重地污染了河流水体，降低了河流的净化功能。河流水质水量的变化引起河道形态、河流地貌等河流特征的改变，并对水生生物的种类、生境、繁衍等造成影响，打破了原有的水沙平衡、水盐平衡及生态平衡，破坏了河流生态系统的正常结构和功能。

3.2　闸控河流生态水文效应

3.2.1　闸控河流及其特征

河流的主要特征一般包括河流形态特征和水文特征。自然河流形态特征主要由河道形态和地质地貌结构所决定，水文特征主要由流域降雨和下垫面（产流过程）、水系结构（汇流过程）决定。闸控河流由于水源补给结构、水利工程、河道清淤等众多人为因素，以及河流形态改变和水系结构变化等人为因素的影响，改变原来自然河流的特征。闸坝的建设破坏了河流的廊道形态结构，改变了河流的天然径流过程，对径流变化伴生的理化环境造成影响。同自然河流相比，闸控河流的特征见表 3.2。

表 3.2　　　　　　　　　闸控河流与自然河流的特征比较

河流特征		自然河流	闸控河流
形态特征	地貌	上游多为山区性河流，中下游多为平原河流	上游多为山区性河流，中下游多为平原河流
	河道断面	上游河道断面多呈 V 形或 U 形，中下游断面形态多样	闸坝上下区域多为规则性断面
	河道几何形态	水体蜿蜒曲折	坝上游成库，坝下游河道萎缩

续表

河流特征		自然河流	闸控河流
水文特征	水位	水位呈现规律性变化，与降雨、横断面、流量等具有较强的相关关系	水位阶梯状分布，坝前坝后差别大
	流量	基于降雨特征，呈现时空显著变化	受人工调控，洪水坦化
	含沙量	由河流流经地区的水土保持情况决定	含沙量较少，主要堆积在闸坝附近

在主要江河的中上游，人类活动干扰强烈的中小河流，受城市化影响程度高的河道，均具有明显的闸控河流（河段）特征。闸坝的人为调控将改变水资源在自然与社会经济系统中的分配比例及过程，从而对河流自然-社会经济复合系统造成影响。针对闸控河流水资源持续利用和水环境修复与保护问题，急需从不同的学科角度，基于水文、水资源和水环境等多个方面，分析闸坝建设运行的生态效应机理，研究闸控河流水文情势的变化过程，确定闸坝对河流生态系统的影响，并针对河流水资源管理需求，研究复杂水资源系统条件下的闸坝科学调控理论与方法，实现闸控河流水资源的可持续利用。

3.2.2 闸坝工程生态水文效应机理分析

闸坝工程的修建使原有的自然生态系统的组成和结构发生改变，表现为河流连通性破坏、径流过程改变、水体理化指标变化等，这些表现在生态水文系统中的响应，就是闸坝工程的生态水文效应。

闸坝对河流生态环境的影响首先是截断了天然河流的连续性，使河流人为地分为坝前部分和坝下部分。闸坝上游蓄水形成坝库和回水区，河道被淹、水流变缓、泥沙淤积，影响兴利、防洪和环境条件，水体的物理化学性质发生变化，水生生物的栖息地逐渐退化直至消亡；坝下部分的水流直接受闸坝泄流的控制，河流下游生态系统的水文、水力特性均受闸坝的运行方式影响，水生生物和栖息地环境发生变化。闸坝建设对河流生态系统生态水文效应的产生，是一个连续变化的过程。闸坝建设首先引起流域生态系统中水文、水质和泥沙等非生物要素的变化，进而引起流域生态系统中初级生物要素和流域地形地貌的变化，前两者综合作用，最终引发高级动物如鱼类等的变化。根据河流自然-社会经济复合系统的构成，对应于河流生态系统服务的层次及功能，闸坝的生态水文效应分为3个等级（Petts，1996；毛战坡，等，2005；祁继英，等，2005；肖建红，2007）。①第一级影响具体表现为：闸坝建成运行后，蓄水影响能量和物质流入下游河道及其有关的生态区域，对水文、泥沙、水质等非生物环境产生影响。水文的影响包括由于水库灌溉、供水、发电防洪等引发的河道流量、水位以及地下水水位的变化；水质影响多指库区或下游发生的盐度、溶解氧含量、氮含量、pH 值、水温、富营养化等指标的改变；水力学影响主要跟泥沙有关，涉及河道内的泥沙淤积与运输问题。②第二级影响表现为：闸坝的存在导致局部条件变化，引起闸坝影响范围内河流地貌、水生生物、岸边植被的变化等，具体表现在河段上下的联系被隔断，闸坝下游河段产生冲刷或淤积，河道断面形状发生改变，河床和河岸的物理特性如坡降、糙率等相应发生变化。受水文条件变化影响而产生变化的河流地形地貌，表现为湿地环境消失，原有的栖息地环境和植被分布遭到破坏，同时，闸坝的防洪功能导致自然洪水过程发生改变，洪泛区内养分与物质循环被隔断，以致水体生物的生存环境变差。③第三级影响主要表现为：河流中鱼类，以及河道环境下的鸟类、无脊椎动物等生物种类的变化。水文情势和水体的物理、化学条件变化使河道内生物的迁徙和栖息受到影响，进而其分布和数量发生显著变化，通常是种类减少，威胁其生存与繁衍。闸坝上下游的生态系统影响有一定的差别，一方面闸上水域扩大，良好的生境促进种群发展；另一方面闸下水域骤减，洪泛区变小，栖息地环境的变化和河道通路阻断，将引起生态物种数量的空间差异变化。

闸坝工程对河流生态系统产生三级效应：①一级效应产生时间最短，直接或间接地对其他生态效应起到驱动作用，该级的生态效应最为敏感；②二级效应的产生基于一级效应的累积，产生时间相对较慢，敏感性次之；③三级效应受前两级效应的综合影响，所需的时间最长，敏感性最弱。闸坝工程的生态水文三级效应之间互相影响、互相调节。各类效应的复杂性逐步增加，其中水文、水力学条件变化是河流生态系统变化的根本原因，而河流生态环境变化则是这种层级间催生变化的最终结果（毛战坡，等，2004；肖建红，等，2006）。

从河流生态水文系统的响应来看，可以对应于闸坝影响下的水文、水环境和水生态效应。在河流范围内，单个或者多个闸坝工程的运行，使得河流水文情势长期改变，进而影响河流系统的能量迁移、物质循环过程，造成区域生态环境发生不可逆的变迁等。闸坝工程对河流生态水文系统的直接影响主要集中在河流水文情势和水质方面，而水质状况又随着不同水文情势条件的变化而发生变化，因此，水文情势变化情况是闸坝对河流生态水文系统干扰情况表征的关键指标。河流生态系统中，闸坝建设的生态效应是长期影响的结果，闸坝工程与生态环境、社会、经济三大系统之间的关系，决定了河流生态效应分析和评估需要考虑到诸多的影响因素。

3.2.3 闸控河流生态水文效应特征

闸坝工程的生态水文效应主要表现在闸坝的建设和运行对河流生态系统结

构和功能产生的各种影响，包括建成之后对自然界的破坏和对生态修复两种效应的综合结果（孙宗凤，等，2004）。闸坝的修建，显著提高了社会经济服务效益，主要表现在水能发电、社会供水、洪水调蓄的能力加强，有效调节了水资源分布不均和流量季节变化大所带来的一系列经济社会用水问题；此外，闸坝工程的建设运行使得河道形态、水文效应、水环境效应和水生态效应等改变（陈庆伟，等，2007；郝弟，等，2012）。河道形态变化主要表现为河流的非连续化、人工渠系化以及泥沙冲刷或淤积对河床的影响；水文效应包括对河流流量、流速、蒸发、下渗等水文要素的影响；水环境效应包括对水温、泥沙运移、水质过程以及河流纳污能力的影响等；水生态效应表现为水生生物的栖息地环境、群落结构和组成等发生变化（张永勇，等，2013）。

由于闸坝的建设、运行和调度管理存在多个不同的阶段，闸坝对河流水文情势以及对河流生态系统的影响也具有阶段性，呈现动态性和变异性、系统性和两面性以及滞后性和累积性等特征（侯锐，2006）。

（1）动态性和变异性。河流生态系统状况受自然长期演化和人类活动干扰的共同影响，在空间和时间上持续演变。闸坝工程的生态效应具有时间上的动态性和空间上的变异性。时间上的动态性主要体现在闸坝的建设、运行，同经济社会的发展阶段、水资源开发利用技术和管理水平联系在一起，是一个不断发展的过程；空间上的变异性表现在不同区域的自然地理条件和社会经济发展程度存在差异，不同的河流、不同位置的闸坝建设，所产生的河流生态水文效应不相同，影响范围和影响程度存在区别，所影响的方面也各有侧重。

（2）系统性和两面性。闸坝工程建设的影响涉及流域或区域的社会-自然-生态的人类复合生态系统，各子系统之间相互联系和相互制约，构成具有生态系统功能和效用的整体。闸坝影响下的生态效应，从对生态系统影响来看，有正面效应和负面效应，各类效应的产生和发展同人类活动的协调性紧密相关。

（3）滞后性和累积性。闸坝工程建设运行带来的多级生态水文效应是相互影响的过程，尤其河流形态改变和生态系统退化等是多因素作用的结果，发展过程中存在诸多不确定性，生态系统的反应过程决定了滞后效应的出现。闸坝工程生态效应的累积性表现为：径流随着闸坝等工程建设及运行发生明显改变，水温受不同蓄水和泄流方式影响进而对水生生态系统的物质循环和能量流动过程、结构以及功能造成影响，水质伴随水文和生态过程发生变化，特别是梯级闸坝对水生生态系统产生累积影响效应更为严重。

3.2.4 闸控河流生态水文效应量化方法

1. 生态水文分区

一般而言，流域生态水文系统具有地理位置的不重叠性，以及系统的整体性、相似性和差异性特征，并和人类干扰的强弱程度等有关，因此，在开展河流水环境研究及管理工作时，需要基于不同的区域特征，分析不同空间的水生态特征，选取主导因素开展河流生态系统相关研究。

针对我国不同区域的生态环境特征，为开展水利、生态和环境的管理与研究，我国先后出现一系列水文、生态相关的分区方法。《中国水文区划》根据流域或地区的水文特征和自然地理条件将全国划分为 11 个一级区、56 个二级区。《中国生态区划》根据自然地域特点、生态系统类型、主要区域环境问题和人类活动状况等要素将全国划分为 3 个一级区、13 个二级区、57 个三级区（杨爱民，等，2008）。《水功能区划》依据人类对水域水功能需求和水质类型，划分一级功能区 4 类，其中的开发利用区又分为 7 类二级功能区，用于水体环境的评价与管理。此外，我国先后完成了《全国重要江河湖泊水功能区划（2011—2030）》《水环境功能区划》《全国生态功能区划》等，以满足不同阶段和目标的水资源和水环境管理需求。

生态水文分区主要分析不同区域水文现象的形成、分布和变化规律（尹民，等，2005）；水生态分区适用于河流、湖泊等水生生态系统的管理和环境评价（孙小银，等，2010）。由于对生态系统认识和理解的角度和应用领域等方面的差异，各方对于生态区域的定义并不统一，但一致的关键点是均考虑到生物与环境之间的关系（唱彤，2013）。河流生态水文分区，在考虑区域的水文特征与水资源状况的同时需要注重河流作为生物栖息地的生态环境功能（尹民，等，2005）。从河道特征来看，一个景观河段具有特征类似地貌特征，以及类似的岸边植被和生物栖息地条件，构成河道中尺度生境，可作为河流水文效应分析的基础，通过建立一定的关系，将不同尺度河流生态水文问题联系起来（金小娟，等，2010）。

河流生态水文系统的分区主要涉及水文与生态两个因素，在进行分区或分段时，需要考虑河流水文站、闸坝位置、供水节点、生态控制点等以及沿河大中城市等节点因素，同时考虑后续为进行生态系统管理而开展的生态调度研究。具体生态控制断面的确定需要考虑断面位置、数据资料完整性和可获取性以及断面的代表性、稳定性和可靠性等。

2. 河流水文情势变化分析

水文过程是影响河流生态系统的控制性变量（杜强，等，2006）。河道生态系统的完整性需要通过河流水文情势的变化来维持，现实条件下，要完全恢复河流情势的天然状态是难以实现的，同时受当前科技水平的限制以及生态系统监测的不足，对于河流生态系统的演变过程还无法完全认识。当前研究中，研究者尝试通过计算与分析不同生态指标和水文指标间的关系，来确定河流生态系统受水文情势变化的情况。在实际应用中，难以将所有水文指标同生态指标进行关联分析，多数情况下是通过分析相关规律，得到简便可行的生态水文指标体系，通过分析水文指标和生态指标之间的关系，从而确定与生态最相关的水文指标（孙艳伟，等，2012）。

大量研究表明，河流径流情势即流量、频率、历时、发生时间和变化率与河道生态系统之间存在密切的关系，基于相关认识，可使生态水文指标与闸坝工程建设运行和河道生态环境联系起来。Richter 等（1996）于 1996 年建立了水文改变度指标（Indicators of Hydrologic Alteration，IHA）体系，用于评估生态水文变化过程。基于该指标体系，通过分析河流的日流量系列资料，计算具有生态意义的关键水文特征值，来评估河流水文情势变化状况及其对生态系统的影响。

表 3.3　　　　　　　　IHA 指标参数（Richter，等，1998）

组　别	IHA 指标	参数（33 个）
第 1 组	月均流量	各月流量均值或中值
第 2 组	年均极值	年均 1d、3d、7d、30d、90d 最小流量 年均 1d、3d、7d、30d、90d 最大流量 断流天数 基流指数
第 3 组	年极值出现时间	年最小流量出现时间 年最大流量出现时间
第 4 组	高低流量频率与历时	每年低流量出现次数 每年低流量平均持续时间 每年高流量次数 每年高流量平均持续时间
第 5 组	流量变化率与频率	流量平均增加率 流量平均减少率 每年流量逆转次数

基于 IHA 指标体系，Richter 等（1998）于 1997 年提出水文变化范围法（Range of Variability Approach，RAV），该方法通过分析水利工程建设前后水文指标的变化情况，对比天然和人工影响下的流量特征统计数据，来分析河流水文情势受闸坝等水利工程建设及运行的影响程度，并基于水文系统的变化程度来分析对生态系统产生的影响（杨扬，2012）。

为量化人类活动对各指标干扰的改变程度，采用水文改变度来进行定量评估，在该方法体系中，Richter 定义水文指标改变程度 σ_i 的计算公式为

$$\sigma_i = \frac{f_{\text{observed}} - f_{\text{expected}}}{f_{\text{expected}}} \tag{3.1}$$

式中：σ_i 为第 i 个 IHA 指标的水文改变度；f_{observed} 为闸坝运行期第 i 个 IHA 指

标于 RVA 阈值内的年数；$f_{expected}$ 为闸坝运行期 IHA 指标预期落后于 RVA 阈值内的年数，其数值等于闸坝建设前的 IHA 落入 RVA 阈值内的比例 r 和水库建设后受影响总年数 n 的乘积，若设置 75%、25% 的阈值范围，则 r 可取 50%。

σ_i 为正值表示闸坝建设后流量呈增加趋势，为负值表示流量呈减少趋势 (Chen，2012)。定义 σ_i 值的绝对值介于 0~33% 内时，属无或低度改变，介于 33%~67% 为中度改变，介于 67%~100% 为高度改变，由此量化的数据可用来判别 IHA 指标受闸坝建设与运行影响的程度。

3. 河流水环境效应分析方法

针对河流水环境状况，主要采用水质指标，包括氨氮、COD、总磷等要素，如果污染物的浓度超过水体的自净能力，在严重破坏水体使用功能的同时，将会对水体中鱼类、浮游动植物造成很大的影响。

闸坝的水环境效应分析主要是基于闸坝河道内的水质指标监测，进行水体污染状况的识别。通过常规的水质监测及分析、评价，可以对水质的时空变化状况进行了解，为水环境效应分析提供基础。当前，我国对地表水水质分析参照的基本标准为《地表水环境质量标准》（GB 3838—2002）。

在研究和应用实践中，针对很多情况下单因子评价法的不足，提出了污染指数法、模糊评价法、灰色系统评价法、层次分析法、人工神经网络法、水质标识指数法等（尹海龙，等，2008）。但是水质的分析和评价，往往只能初步反映河流水环境系统的状况，结果只能仅反映水体在取样时的状况。水生生物的存在状况能够反映某一个时间段所研究水体的水质状况，近年来，在分析水质状况和水生生物关系的基础上，采用生态学方法，基于生物群落的监测分析，进行水环境长期受人类活动影响下的状况判别，逐步成为水环境研究中常用方法。

4. 河流水生态状况生物学评价

闸坝建设运行引起水文、水环境和水生态的变化。闸坝对水生态的影响，主要是通过水量、水质等因素的变化，通过累积作用影响水生生物的栖息地环境等。在水生态系统研究中，生物完整性指数（Index of Biotic Integrity，IBI）被广泛应用，该指数用多个生物参数综合反映水体的生物学状况，可定量描述生物特性与人类活动影响之间的关系，适用于淡水生态系统监测与健康评价领域（王备新，等，2006）。IBI 最初的研究对象为鱼类，目前已包括底栖动物、浮游生物、附着生物等。常用的生物指数（Biotic Integrity，BI）包括浮游生物、底栖动物的多样性指数、丰富度指数、均匀度指数、污染耐受指数及以某一类生物的多寡进行水污染程度评价的生物指数。在具体应用中，要将指数评价与周围环境结合，运用多种指数进行综合评价（赵长森，等，2008）。

3.3　沙颍河流域闸坝生态水文效应研究

3.3.1　研究区生态水文功能分析

根据《淮河区重要江河湖泊水功能区》（2011 年）的划分成果，沙颍河水系共划分保护区、缓冲区、开发利用区、保留区等水功能一级区 20 个，区划总计河长 1804km；在 10 个开发利用区中，共划分水功能二级区 51 个，河流总长度为 1346km。梁静静等（2010）在分析淮河流域水生态问题的基础上，结合流域内生态服务功能空间分异规律，提出了淮河流域二级水生态服务功能体系，从水生态服务功能角度，确定沙颍河流域是重要的水源涵养和生境维持功能区。上述分区主要依据流域区域水资源特征以及生态环境特性。为分析河流生态状况，需要将水功能分区同生态分区结合起来，鉴于生态和水文特征的需要，在具体研究中，需要采用宏观分析与微观挖掘相结合的方式，从不同尺度对沙颍河干流的生态水文情势进行剖析，研究河流生态水文变化的基本特征和规律。

3.3.2　闸坝运行的水文效应研究

为研究闸坝建设对沙颍河水文情势的演变规律，分析沙颍河水文情势的分布规律和受人类影响的程度，根据沙颍河流域水文站点布设及资料获取情况、控制性闸坝建设运行及区域经济社会发展取用水状况，选取沙颍河干流上的漯河、周口、界首、阜阳 4 个典型断面作为沙颍河流域水文情势变化分析的控制断面。漯河断面为水文测站断面，作为沙颍河上游沙河的主要控制站，来水情况主要受到昭平台水库和白龟山水库的影响；周口断面位于沙河和颍河的交汇点以及周口闸下，可基本反映沙颍河上游的水文状况；界首水文站是沙颍河干流在河南、安徽两省的省界断面，上游距离槐店闸 37km，区间无支流汇入，水文过程可以反映槐店闸以上区域的变化情况；沙颍河干流在阜阳闸以上有泉河汇入，阜阳闸以下无大的支流汇入，下游的颍上闸是干流最后一座闸坝，受资料限制，本书以阜阳闸的水文资料为基础进行分析，可近似反映整个沙颍河流域的水文变化状况。

采用 4 个站点 1956—2012 年的日径流数据作为基础数据，考虑断面及闸坝工程的整体建设情况，选取 1975 年为人类活动干扰划分年。基于 IHA/RVA，对各断面在闸坝建设前后的水文改变度指标进行统计分析。相关指标计算结果见表 3.4 和表 3.5。

表 3.4　　　　　周口断面水文改变指标统计分析

单位：流量（m³/s）；天数和时间（d）；变化率（%）；次数（次）

IHA 指标	闸坝影响前（1956—1975 年）				闸坝影响后（1976—2012 年）				变化范围		水文改变度
	均值	方差	极小值	极大值	均值	方差	极小值	极大值	下限	上限	
1 月平均流量	36.9	0.72	1.5	103.2	30.8	0.94	0.0	125.5	10.3	63.5	-0.23
2 月平均流量	37.3	0.93	1.3	147.4	28.1	1.08	0.1	103.0	2.6	72.1	-0.05
3 月平均流量	38.7	0.51	11.6	78.6	34.8	1.03	0.1	117.0	18.9	58.4	-0.58
4 月平均流量	94.3	1.78	16.1	768.9	34.2	0.79	0.4	98.8	24.2	262.2	-0.19
5 月平均流量	99.1	1.21	20.3	532.3	57.6	1.44	0.2	480.1	26.3	218.5	-0.09
6 月平均流量	99.7	1.78	0.4	779.3	70.4	1.11	0.3	263.7	12.3	277.2	0.16
7 月平均流量	299.6	1.30	16.4	1514.0	209.8	1.12	7.8	1313	59.1	690.0	0.31
8 月平均流量	310.1	1.19	8.5	1291.0	203.1	0.96	12.0	1002	89.7	678.0	0.08
9 月平均流量	178.1	1.19	1.2	957.0	148.0	1.20	0.3	728.8	68.3	390.3	-0.13
10 月平均流量	131.7	1.40	2.1	871.8	105.1	1.45	0.5	634.3	46.9	316.3	-0.38
11 月平均流量	81.6	0.84	1.9	327.9	65.4	1.06	0.2	322.6	13.1	150.1	-0.24
12 月平均流量	50.0	0.80	1.5	140.1	46.3	0.94	0.2	194.8	9.9	90.0	0.08
1d 最小流量	6.0	1.48	0.0	34.0	1.0	1.30	0.0	4.4	0.4	14.7	-0.33
3d 最小流量	7.1	1.45	0.0	38.7	2.3	1.63	0.0	15.3	0.5	17.4	-0.14
7d 最小流量	8.6	1.43	0.0	44.7	3.9	1.80	0.0	33.9	0.6	20.8	-0.07
30d 最小流量	14.6	1.03	0.3	50.8	8.8	1.61	0.0	74.5	1.4	29.6	0.08
90d 最小流量	27.1	0.68	2.9	60.2	16.6	1.08	0.1	86.8	8.6	45.7	-0.21

续表

IHA 指标	闸坝影响前（1956—1975 年）				闸坝影响后（1976—2012 年）				变化范围		水文改变度
	均值	方差	极小值	极大值	均值	方差	极小值	极大值	下限	上限	
1d 最大流量	1701.0	0.55	298.0	3160.0	1184.0	0.68	123.0	2830.0	763.0	2638.0	−0.05
3d 最大流量	1446.0	0.62	278.0	2980.0	1004.0	0.74	123.0	2747.0	549.0	2343.0	−0.01
7d 最大流量	1143.0	0.75	224.0	2800.0	726.0	0.75	94.7	2374.0	288.0	1998.0	0.00
30d 最大流量	590.0	0.80	90.0	1639.0	383.0	0.81	57.3	1494.0	117.0	1063.0	0.20
90d 最大流量	309.5	0.75	37.7	793.9	225.4	0.77	38.6	696.2	77.1	541.0	0.04
断流天数	0.5	3.10	0.0	5.0	2.1	3.05	0.0	33.0	0.0	1.8	−0.10
基流指数	0.1	0.93	0.0	0.1	0.0	1.58	0.0	0.3	0.0	0.1	−0.01
最小流量出现时间	151.0	0.25	14.0	357.0	81.6	0.24	4.0	355.0	58.6	243.0	−0.25
最大流量出现时间	202.0	0.11	114.0	274.0	214.0	0.10	78.0	281.0	162.0	243.0	−0.03
低流量出现次数	7.1	0.74	0.0	18.0	13.5	0.52	1.0	32.0	1.8	12.4	−0.42
低流量平均持续时间	12.2	0.56	2.0	31.1	17.0	1.93	1.8	196.0	5.3	19.0	0.04
高流量出现次数	3.0	0.74	0.0	7.0	3.4	0.84	0.0	9.0	0.8	5.1	−0.36
高流量平均持续时间	6.5	0.92	1.0	21.0	3.7	0.57	1.0	11.0	2.0	12.5	0.04
流量平均增加率	45.0	0.69	7.1	133.3	37.6	0.62	10.4	103.0	14.0	76.0	−0.05
流量平均减少率	−23.7	−0.58	−64.3	−3.9	−29.8	−0.60	−74.1	−7.9	−37.6	−9.9	−0.22
流量逆转次数	108.2	0.15	82.0	139.0	109.8	0.22	6.0	149.0	91.6	124.0	0.04

表 3.5　　　　　　　　**各选取站点水文改变指标统计分析**

单位：流量（m³/s）；天数和时间（d）；变化率（%）；次数（次）

IHA 指标	漯河			界首			阜阳		
	变化范围		水文改变度	变化范围		水文改变度	变化范围		水文改变度
	下限	上限		下限	上限		下限	上限	
1月平均流量	7.0	37.3	0.16	10.9	67.2	−0.14	15.9	78.2	−0.23
2月平均流量	7.2	33.6	−0.17	6.9	60.2	−0.19	8.5	78.5	−0.07
3月平均流量	8.6	37.7	−0.09	13.8	61.7	−0.54	13.5	83.1	−0.56
4月平均流量	16.6	191.3	−0.03	24.9	283.1	−0.15	26.8	348.5	−0.03
5月平均流量	15.6	156.8	0.04	29.8	226.5	−0.17	34.3	300.9	−0.14
6月平均流量	5.9	206.4	0.27	10.8	307.2	0.21	26.5	500.5	−0.21
7月平均流量	33.3	576.4	0.29	69.8	732.9	0.22	106.0	1032.0	0.00
8月平均流量	32.6	438.1	0.17	72.6	753.1	0.17	91.9	1113.0	0.04
9月平均流量	34.9	262.5	−0.21	74.0	384.4	−0.29	95.3	451.2	−0.25
10月平均流量	32.8	201.0	−0.58	49.7	319.3	−0.42	59.0	378.6	−0.38
11月平均流量	10.5	86.6	−0.24	12.8	157.6	−0.27	15.9	192.8	−0.36
12月平均流量	6.2	57.6	0.05	7.1	94.5	−0.12	12.7	125.5	−0.06
1d最小流量	0.4	7.1	0.18	0.3	16.9	−0.46	0.0	27.1	0.25
3d最小流量	0.6	8.9	0.08	0.4	18.3	−0.46	0.0	28.6	0.25
7d最小流量	0.7	12.0	0.22	0.5	21.0	−0.12	0.0	29.5	0.25
30d最小流量	2.0	19.2	0.57	1.0	30.0	−0.21	1.5	36.7	0.18

续表

IHA 指标	漯河			界首			阜阳		
	变化范围		水文改变度	变化范围		水文改变度	变化范围		水文改变度
	下限	上限		下限	上限		下限	上限	
90d 最小流量	5.2	29.3	0.53	7.8	47.7	−0.38	5.1	61.6	0.08
1d 最大流量	533.0	2564.0	−0.09	756.4	2680.0	−0.16	864.0	2882.0	0.13
3d 最大流量	335.4	2188.0	0.04	610.1	2497.0	−0.16	731.0	2803.0	0.24
7d 最大流量	343.5	1714.0	−0.10	339.6	2165.0	0.13	464.0	2561.0	0.35
30d 最大流量	124.1	812.7	0.08	129.7	1139.0	0.04	138.0	1620.0	0.16
90d 最大流量	33.8	389.1	0.11	77.0	581.1	−0.10	93.0	831.7	0.16
断流天数	0.0	0.0	−0.30	0.0	22.7	−0.24	0.0	47.4	−0.27
基流指数	0.0	0.1	−0.34	0.0	0.1	−0.08	0.0	0.1	0.27
最小流量出现时间	40.0	217.8	−0.17	32.8	158.7	−0.15	42.8	210.2	−0.32
最大流量出现时间	176.7	247.8	0.04	162.6	244.0	−0.03	160.4	247.5	0.20
低流量出现次数	1.7	13.3	−0.19	1.3	15.3	0.22	0.9	6.8	−0.88
低流量平均持续时间	5.6	26.4	0.29	8.3	31.5	−0.36	10.3	38.3	−0.54
高流量出现次数	0.1	7.2	0.08	0.4	5.0	−0.38	0.5	5.4	−0.15
高流量平均持续时间	2.2	10.8	0.08	3.2	14.4	−0.04	3.3	20.6	−0.14
流量平均增加率	11.1	75.6	−0.10	17.5	77.8	−0.11	21.0	73.7	−0.04
流量平均减少率	−35.2	−6.7	0.04	−39.8	−11.2	−0.17	−45.2	−14.0	−0.34
流量逆转次数	81.1	105.9	−0.71	49.3	116.7	−0.27	44.6	80.3	−0.54

以周口水文断面的日流量资料为基础，以周口闸建设完成时间 1975 年为基准，将流量过程分为近自然条件下及受闸坝影响的两个时段，通过 IHA 进行计算，得到闸坝建设前后两个时期相应的水位改变度指标。从河流水文情势改变度 33 个指标的计算结果可以看出，有接近 20％的指标数量发生了程度较高的改变。

（1）月均流量变化。图 3.2 反映了闸坝建设前后两个时期周口闸水文断面 1 月和 7 月的月均流量年际变化情况，从图中可以看出，7 月的月平均流量呈现上升的趋势，1 月的平均流量表现为增长趋势。该流量指标的增长，对于河流系统中鱼类的生长具有明显的条件改善作用。

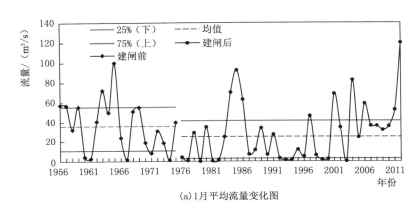

(a)1月平均流量变化图

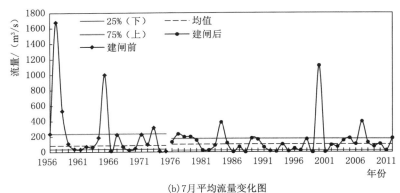

(b)7月平均流量变化图

图 3.2　周口水文断面 1 月、7 月平均流量变化图

（2）年极值流量变化。图 3.3 为周口水文断面的最大 3d 平均流量、最小 90d 平均流量变化趋势。可以看出，该断面的年极端流量整体呈现下降的趋势。根据闸坝河流的特征，可以表明闸坝的建设对年极值流量产生了重要影响。由于闸坝的拦蓄引水，使得河流整体流量减少，同时，闸坝的调蓄作用使

得洪峰下降，极大流量出现的频率减少。

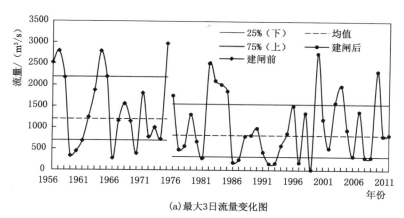

(a) 最大3日流量变化图

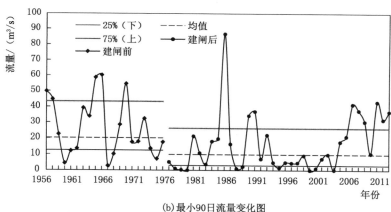

(b) 最小90日流量变化图

图 3.3 周口水文断面最大 3d、最小 90d 平均流量变化图

（3）年极值流量出现时间。图 3.4 为周口水文断面年极端流量在各年度内出现时间的结果分析，可以看出，在周口水文断面建设运行前后期间，在该水文站点的年极值流量中，极值出现的时间波动比较大。根据流量过程的年内分布情况，流量极小值主要集中发生在 11 月至次年 2 月；流量的极大值出现时间主要集中在 7—9 月。

（4）高低流量出现次数及平均持续时间。图 3.5 为周口断面高低流量的变化趋势图，从图中可以看出，该站点低流量出现的次数在闸坝建设后呈现上升趋势，低流量出现的平均历时也有所增长。该水文站点的高流量平均历时则出现降低的趋势，出现的次数略有上升。河流中的高低流量对于生态系统而言，主要是构造河流的生境，对于河流生态系统的演变具有重要的影响。

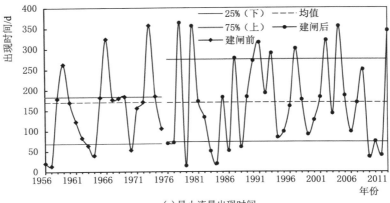

(a)最小流量出现时间

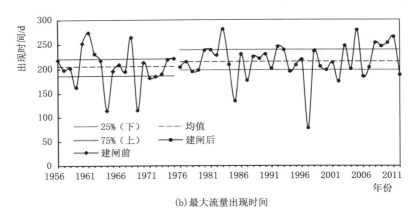

(b)最大流量出现时间

图 3.4　周口水文断面年极端流量出现时间图

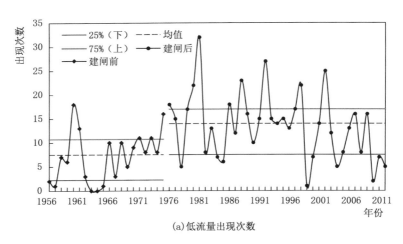

(a)低流量出现次数

图 3.5（一）　周口水文断面高低流量出现次数及平均持续时间变化图

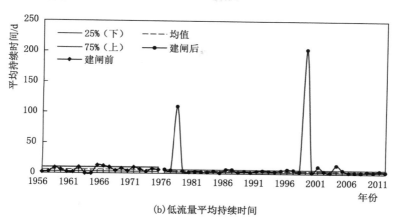

(b)低流量平均持续时间

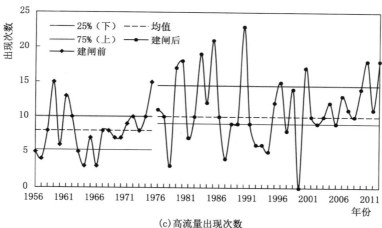

(c)高流量出现次数

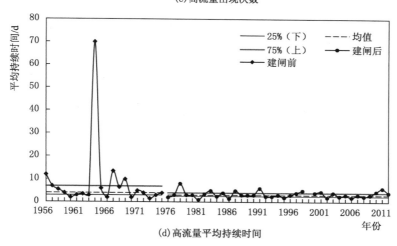

(d)高流量平均持续时间

图 3.5（二）　周口水文断面高低流量出现次数及平均持续时间变化图

（5）流量平均增加率/减少率及逆转次数。图 3.6 为周口水文断面流量平均增加率/减少率及逆转次数变化图，从图中可以看出，闸坝建设前后，流量的平均减少率变化不明显，流量的平均增加率略微有上升。1965 年的流量平均增加率达到最大值，1999 年的流量平均减少率为最低。流量逆转次数每年均有所改变，其中，在 1989—1999 年期间的逆转次数波动最大，可以看出这一时期内的河道流量极不稳定。

通过对周口水文断面水文情势的变化分析可以看出，周口断面的月均流量、极值流量、高低流量出现次数及平均持续时间等水文指标均有变化，这些变化的产生，主要同闸坝的修建有重要的关系。

（6）水文情势变化的关键因子识别。基于闸坝影响的水文情势变化的关键

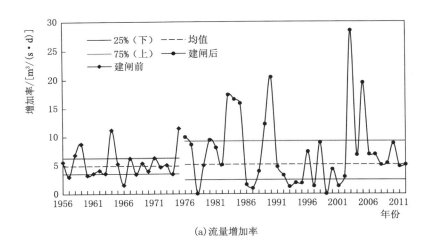

(a) 流量增加率

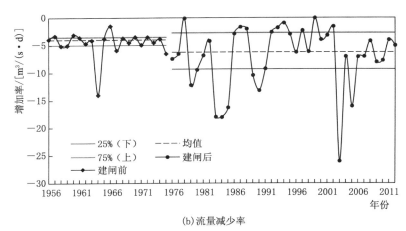

(b) 流量减少率

图 3.6（一）　周口水文断面流量平均增加率/减少率及逆转次数变化图

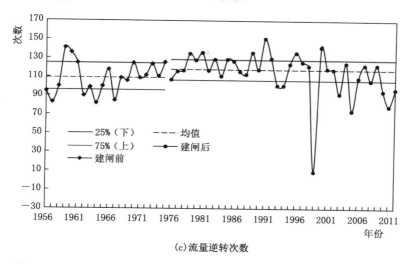

(c)流量逆转次数

图 3.6（二）　周口水文断面流量平均增加率/减少率及逆转次数变化图

因子识别，对 4 个水文断面的水文改变度指标进行综合分析，将 4 个站点的水文改变度指标绝对值加权平均，按照各水文指标整体改变度大小进行排序，得到 4 个典型闸坝的综合改变度因子排序，见图 3.7。

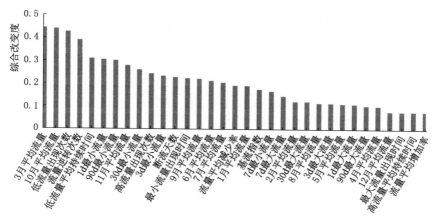

图 3.7　沙颍河典型断面水文指标改变度均值排序

综合改变度排序在前的指标分别为 3 月平均流量、10 月平均流量、低流量出现次数、流量逆转次数、低流量平均持续时间、1d 最小流量等，这些指标可以作为沙颍河流域整体水文情势变化分析的依据，在河流生态系统健康状况评估中可以作为参考，在河流生态需水配置中，应对这些指标及其影响进行重点分析。

3.3.3　闸坝运行的水环境效应分析

近年来在沙颍河流域针对闸坝对河流水环境的影响，相关研究人员相继开展了多项研究，通过建立水质模型等方式，进行了不同类型闸坝、不同调控方式下的河流水质变化分析和模拟。已有的研究成果表明，水闸的存在及其不同的调控方式加剧了河流中污染物迁移转化过程的复杂性，影响着污染物浓度的时空分布（郑保强，等，2012；左其亭，等，2010）。闸坝对河流水质的影响主要表现在两方面：一是闸坝的修建和调度引起河道流量、流速的变化，导致污染物生物化学转化过程发生改变，并进一步引起水体水质浓度的改变；二是闸坝的调蓄作用使得上游蓄水量增加的同时，污染物同样聚集而形成高浓度污染团，在闸门急剧开启条件下，极易形成下游污染带，造成突发性水污染事件，严重破坏河流生态环境。

在地表水水质监测指标中，每项水质因子都对水生态、水环境产生一定的影响。常用的水质监测指标对水生态的影响表现在以下几个方面（郑保强，等，2012；左其亭，等，2010）。

（1）水温对水生生物的影响。水温是水体污染的一种形式。受温度影响最大的是水生生物，水温控制着很多水生生物的生化和生理过程，水温对水生生物的生长、发展和行为模式起重要作用。水温是影响浮游动物物理状态、群落结构和数量变化等重要的环境因子。此外，水温对鱼类和植物也有很大程度的影响，现有研究数据表明，随着水温升高，水体的毒性加大，受到毒性物质威胁的水生生物对水温的耐受能力将会降低。

（2）pH 值对水生生物的影响。pH 值既是水体酸碱度的表征指标，也是生物系统和天然水体化学中的一个关键因子。pH 值变化影响水中弱酸或弱碱的电离平衡。通过对相关文献的分析可知，受 pH 值影响最大的是水生生物。

（3）溶解氧对水生生物的影响。溶解氧是水生生物，特别是鱼类生存的必备条件，同时也是一项衡量水质好坏的关键指标。适宜浓度的溶解氧是水生生物存活以及维持其繁殖、活力和发育所必须的条件。大多数水生生物的适宜氧浓度范围很窄，对低溶解氧水平（2～3mg/L）非常敏感。生物在受到低溶解氧胁迫时，其物种持续发展的竞争力会迅速降低。

（4）COD 对河流水生生物的影响。在河流水质监测指标中，表征水体有机污染程度的指标主要有高锰酸盐指数、化学需氧量（COD）和生化需氧量（BOD）。其中，COD 是控制水体有机污染的综合性参考指标。许多研究表明，在受污染的河流和湖泊中，COD 不仅是影响底栖动物更是影响鱼类等水生生物分布的主要水化学因素。当河流受到有机污染时，随着污染物浓度在河流中的变化，生物相和量也相应地发生着一系列规律性的变化。在污染最严重的河段，几乎所有的生物种类消失，甚至连细菌的数量也受到影响。

（5）N、P 对水生生物的影响。N、P 是植物生长的营养元素，也是生命必不可少的。其常常成为河流、湖泊初级生产力的限制因子，如果水中的 N、P 超过临界浓度后，就会刺激水生生物的生长，以至于发生"水华"，造成水体富营养化。N 和 P 的含量水平是水体营养程度的一个重要指标，水体中 N、P 等营养元素含量的不同对底栖动物也有影响，其中 N 为主要制约因子。

本书在搜集到的 2001—2011 年水质监测数据基础上，以阜阳闸上、闸下的水质监测数据为例，对闸坝影响下的河流水质变化情况进行分析。

图 3.8（a）、（b）是阜阳闸上、闸下监测断面在监测期间的氨氮和高锰酸盐指数浓度的年际变化情况。可以看出，闸上、闸下高锰酸盐指数和氨氮浓度的年际变化趋势基本一致，出现了两个周期。闸上氨氮浓度从 2001 年的 3.9mg/L 增加至 2003 年的 7.5mg/L，接着浓度下降，从 2004 年开始水质又开始恶化，到 2006 年达到最大值，2006 年以后水质逐渐好转，阜阳闸下的氨氮浓度变化趋势和闸上一致。闸上高锰酸盐指数浓度和氨氮浓度的变化趋势一样，以 2005 年为界限，开始相对平稳地持续减少。从总体上来看，2006 年之后阜阳闸上和闸下的污染物浓度在下降，水质在逐年好转。

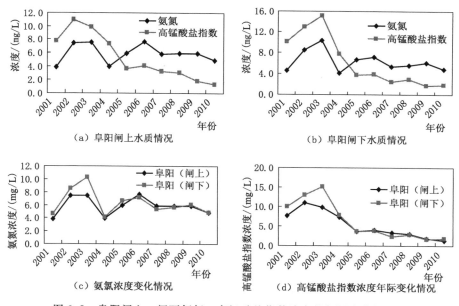

图 3.8　阜阳闸上、闸下氨氮、高锰酸盐指数浓度的年际变化规律图

图 3.8（c）、（d）为阜阳闸上、闸下的氨氮和高锰酸盐指数浓度同一时期的对比分析变化状况。可以看出，在 2004 年之前闸上和闸下相差较大，闸上

普遍高于闸下，2004 年以后闸上和闸下浓度基本相当。

从图 3.9 中可以看出，氨氮浓度在非汛期 1 月较低，在 2 月浓度达到峰值，2—5 月浓度降低，6 月浓度出现增加的趋势，随着上游的来水，浓度不断下降，到每年 8 月，浓度降为年内低值，一直维持到 11 月，12 月浓度又有所增加。除了 12 月，阜阳闸上的氨氮浓度都要低于闸下，说明闸上的水质好于闸下。高锰酸盐指数浓度在非汛期 1—3 月较低，4 月浓度达到峰值，主要是枯水季节污染物在闸上积聚导致的。对于阜阳闸上和闸下，在非汛期闸下的高锰酸盐指数浓度要高于闸上，在汛期，由于闸门的开启，闸上和闸下的浓度基本相当。根据阜阳闸运行的实际情况及水质变化状况分析可以初步判定，闸坝条件下的水体污染物浓度受到闸坝调控以及区域来水量的双重影响。

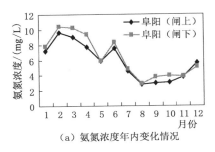
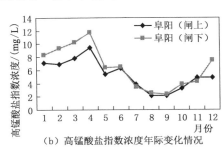

（a）氨氮浓度年内变化情况　　　　（b）高锰酸盐指数浓度年际变化情况

图 3.9　阜阳闸上、闸下氨氮、高锰酸盐指数的月平均浓度年内变化规律图

沙颍河流域水污染问题除了与污染物过渡排放有关外，过多闸坝的建设对水环境的影响也是不可忽视的。结合与本书相关的课题研究的前期成果，针对沙颍河流域闸坝的水文影响，从河流纳污能力的改变情况和河流水质的变化情况两个方面，可以归纳出闸坝运行同河流水环境之间的关系，主要包括以下几个方面：

1）闸坝对河流水质的影响与水文情势密切相关。闸坝调蓄、闸坝群的联合调度使河流流量、流速均发生了很大的变化。闸坝上游蓄水，水量大，纳污能力大，水质变好；闸坝下游闸开，流速大、流量大；闸关闭时，则流速小、流量小。沙颍河流域过多闸坝的建设改变了水的时空分布，河流的水文情势被人为改变（Zuo，等，2015）。

2）闸坝对河流水质影响作用具有典型的河段特征。由于闸坝的调蓄作用，河流的天然流量过程被改变，同无闸坝条件相比较，河道内的流量和流速均减小，使得污染物的降解系数相应变低，不利于水质改善。水质恶化是污染物超标排放和闸坝拦蓄共同作用造成的。但对于闸上污水团蓄积量比较大的闸坝，闸坝对污水有拦蓄作用，闸上污水对闸下水体影响比无闸时要小，闸的存在可减轻闸下水质恶化。对比分析闸坝对河流水质的影响可以看出，闸坝的存在有助于改善河流水质，降低污染物浓度。由此，在水环境治理和水污染防治中，在源头地区的闸坝，需增大下泄流量，清水下泄稀释下游水质浓度；污染比较严重的地区，则需要增大闸（坝）下泄流量，使水体流动性增强，降解负荷增多。

3）闸坝调度方式对河流水质变化具有显著影响。在沙颍河干流槐店闸开展闸坝调控现场实验，研究结果表明，不同的闸门启闭方式，对于闸下区域的污染物时空分布具有明显的影响（陈豪，等，2014；米庆彬，等，2014）。闸门开度大，开启个数多，则闸坝的下泄流量大，水流对底泥的扰动大，闸后断面水体污染物浓度较大，污染物综合削减率小；闸门开度由小变大或者由大变小的情况下，会造成流速的明显波动；少量闸门的集中下泄同闸门全开相比，对水体中污染物浓度的影响更为明显。根据相关实验的模拟结果，无闸坝条件下水流的流速明显变快，底泥的再悬浮量增加，污染物从上游向下游的迁移量也增加，从而使河流水体中污染物浓度增加，并且无闸时污染物综合削减率比有闸时要小。

3.3.4　闸控河流的水生态状况评价

沙颍河流域已经开展的可供参考的水生态调查资料包括《淮河流域闸坝对河流生态与环境影响评估》（2006 年）、《淮河流域重点水域水生物调查监测与评价》（2008 年）、《淮河流域主要河湖水生态保护与修复总体规划》（2009 年）等，对淮河流域重点水系及部分水库、湖泊进行了较系统的调查，其中涉及沙颍河流域部分闸坝。同时，以沙颍河为对象开展的水生态调查及相关研究逐渐增多（胡金，等，2015；舒卫先，等，2015），可以通过不同研究的对比分析，更全面地了解沙颍河的水生态状况。

本书根据 2012 年 12 月沙颍河流域水生态调查实验数据，选取典型断面进行水生态状况分析，在选取的 4 个典型水文断面基础上，加入上游平顶山监测点和下游颍上监测点。基于各断面生态调查采集到的浮游植物、浮游动物、底栖动物的取样分析结果，计算得到各种生物指数，对各监测断面的水体污染程度、生态系统稳定性及水体生态质量状况进行综合评价。对生物指数的选取参照淮河流域研究中筛选出的 5 种生物学评价指数（刘玉年，等，2008；赵长森，等，2008），见表 3.6。

表 3.6　　　　　　　　　　选用的生物学评价指数

指 数 名 称	计 算 公 式	参 数 说 明
Shannon - Weaver 多样性指数 （H）	$H = -\sum_{i=1}^{s}\left[\left(\dfrac{n_i}{N}\right)\ln\left(\dfrac{n_i}{N}\right)\right]$	n_i 为第 i 类个体数量；N 为样本个体总数量；s 为样本种类数
Simpson 指数 （D）	$D = 1 - \sum_{i=1}^{s}\dfrac{n_i(n_i-1)}{N(N-1)}$	符号意义同前

指 数 名 称	计 算 公 式	参 数 说 明
Margalef 种类丰富度指数 (d)	$d = \dfrac{s-1}{\ln N}$	符号意义同上，d 值的高低表示种类多样性的丰富与匮乏
Pielous 种类均匀度指数 (J)	$J = \dfrac{H}{\log_2 s}$	符号意义同前
污染耐受指数 (PTI)	$PTI = \dfrac{\sum\limits_{i=1}^{s}(n_i \times t_i)}{N}$	t_i 为第 i 类生物的污染耐受值；其他符号意义同前

通过对各典型调查断面的浮游植物、浮游动物和底栖动物数据进行分析，计算出以上 5 个指数指标值。计算公式参照文献（刘玉年，等，2008）中的方法。

$$BI = \omega_1 I_1 + \omega_2 I_2 + \omega_3 I_3 \tag{3.2}$$

式中：BI 为综合生物指数；ω 为权重；I 为各类指示生物的生物指数，包括浮游植物 I_1、浮游动物 I_2 和底栖动物 I_3，结合沙颖河情况，计算时权重分别取 $\omega_1 = 0.5$、$\omega_2 = 0.3$ 和 $\omega_3 = 0.2$，对于资料缺少的断面，其权重按以上比例分配给有资料的指示生物。

在计算出各断面的评价指标后，参照赵长森等（2008）基于文献分析所确定的水体污染程度同生物学指数的关系，及其构建的水体污染程度与生态系统稳定程度之间的关系，进行河流各调查断面的生态质量评价。各站点水生生物综合评价与生态质量评价结果见表 3.7。

表 3.7　　　　　各站点水生生物综合评价与生态质量评价结果

观测点	水生生物综合评价					生态质量评价	
	H	d	J	D	PTI	水体污染程度	生态系统稳定性
平顶山	0.66	0.59	0.48	0.34	6.09	中度污染	脆弱
漯河	0.58	0.39	0.52	0.34	5.17	中度污染	脆弱
周口	0.68	0.43	0.58	0.36	6.53	重度污染	不稳定
界首	0.60	0.32	0.71	0.32	6.03	中度污染	脆弱
阜阳	0.41	0.30	0.35	0.31	5.96	中度污染	脆弱
颖上	0.41	0.31	0.32	0.30	5.71	中度污染	不稳定

根据生态质量评价结果，从整体来看，沙颖河干流的水质整体处于污染状态，多处河段的水生态系统稳定性状况不容乐观。其中，周口附近的沙颖河中游地区水环境问题相对突出，颖上闸断面的水生态状况也不稳定。同时，考虑

此次调查为枯水季节，河流的稀释纳物能力有限，也势必对河流的水生态环境带来不利影响。

3.4 小结

河流生态水文系统包括基本廊道环境、自然生态系统和人类社会经济系统。河流水文情势是河流生态系统变化的重要驱动力，通过改变栖息地环境、形成自然扰动机制、推动河流物质能量流动几个方面对河流生态系统造成影响。

闸控河流同自然河流相比，有特殊的形态特征和水文特征。闸坝工程的生态效应分为3个等级：第一级是非生物要素水文、泥沙、水质等的影响，第二级指受第一级要素引发的地形地貌和初级生物变化，第三级则为由第一级和第二级综合作用引发的较高级和高级生物要素的变化。首先引起流域生态系统中水文、水质和泥沙等非生物要素的变化，进而引起流域生态系统中初级生物要素和流域地形地貌的变化，前两者综合作用，最终引发高级动物如鱼类等的变化。

基于 IHA/RVA 对沙颍河典型闸坝的水文效应进行分析。结果表明，河流水文改变度指标中的 3 月平均流量、10 月平均流量、低流量次数、逆转次数、低流量持续时间、1d 最小流量等指标是该河流改变度较高的指标，有助于识别和分析闸坝工程对河流生态系统的影响。闸坝运行对闸上闸下的水质有明显的影响，河流大多数断面（河段）处于中度或重度污染。流域典型水生态调查分析表明，当前河流生态系统处于脆弱和不稳定的阶段。

第 4 章　闸控河流健康与生态需水评估

4.1　河流健康与生态需水

4.1.1　河流健康及其评估

1. 河流健康基本概念

河流健康概念源于河流生态系统健康，但又不局限于生态系统健康，基于社会发展不同阶段理论认知程度和科学技术水平，研究者对于河流健康的描述，具有鲜明的时代特征，河流健康的内涵在不断丰富（孙雪岚，等，2007）。目前，国内外学者已对河流健康的概念及内涵进行了多方位的理解和分析。部分学者完全从生态系统的角度出发，提出河流健康等同于生态完整性，强调其生态系统结构及功能，该阶段提出的概念，更注重河流的自然属性和河流自身的发展；其他学者则强调河流健康应该体现人类价值观的作用，强调河流健康必须依赖于社会系统的判断，考虑人类社会及经济需求等，该阶段的概念既强调河流的自然属性，又考虑河流的社会属性，主要体现河流的社会服务功能。但是，目前国内外没有形成统一的河流健康概念，更没有统一的河流水生态健康概念，在部分研究中甚至出现对二者概念的混淆，且河流水生态健康程度是实现河流健康和河流社会服务功能的基础。对此，在前人研究基础上提出闸控河流水生态健康概念：河流自身结构和各项功能均处于相对稳定状态，即河流具有充足水量，且保持天然流态和良好水质；具有良好的水生生物完整性和丰富的生物多样性；具有良好的河流连通性和天然的河岸栖息地环境，能够为实现河流社会服务功能提供基础。

综合国内外的研究，尽管对河流健康的概念有不同的界定，但大多认同河流健康评估需要综合考虑河流生态系统的特征及其对人类社会的服务功能，包括可保持自身结构的完整性，并能维持正常的服务功能，满足人类社会发展的合理需求（董哲仁，2005；杨文慧，等，2005；赵彦伟，等，2005）。从河流管理的角度，河流健康问题包括水文、水环境和水生态等，河流健康应具有合理的河流形态、合适的水文情势、良好的水体理化指标和良好的生物多样性（陈俊贤，等，2015）。

（1）河流水量是河流水生态健康的基础。随着经济社会的发展和人口的增加，从河道中的引水量在逐渐增加，在一定程度上造成河流径流量的减小，甚至出现断流现象。关于河流的定义中："地上本来没有河，是雨水、地下水和高山冰雪融水经常沿着线形伸展的凹地向低处流动，才形成了河流。"可见水流是河流存在的基础，而河流中适量的流量则是河流水生态健康的基础。

（2）河流水质情况决定着河流水体的功用，影响着河流的水生态健康程度。水污染是河流水生态健康的较大威胁，2014 年《中国环境状况公报》中的数据表明，十大流域的国控断面中劣 V 类水质断面比例为 9.0%，而淮河流域劣 V 类水质断面比例为 14.9%。劣 V 类水是指水质指标值低于《地表水环境质量标准》（GB 3838—2002）中 V 类水标准的水体，这类水体已基本丧失使用功能，这样的河流或者河段的水生态健康程度比较低。因此，河流水质情况也是决定河流水生态健康程度的重要方面。

（3）水生生物的完整性和多样性是河流水生态健康的重要表现。水体是一个完整的生态系统，包括水中的溶解质、悬浮物、底泥和水生生物（微生物、浮游植物、浮游动物、底泥动物和鱼类等）。天然状态下的河流，水体中各种生物处于一种平衡状态，遵循着适者生存的自然发展规律，但是现在的河流普遍受到人类活动的影响，人为地造成水生生物种类、密度及多样性的减少，甚至造成其灭绝。由此可见，水生生物的完整性和多样性是反映河流水生态健康程度的重要方面。

（4）良好的河流连通性和天然的河岸栖息地环境是河流水生态健康的重要保障。为了兴利、防洪等目的，全球各河流上修建众多的闸坝工程，这些工程改变着河流的天然流态，影响着河流的流量、水位及水质的时空变化，并且河道硬化工程进一步破坏水生生物的栖息地及繁衍环境，造成水生生物的数量、种类的变化及生物多样性的降低，影响着河流的水生态健康。

2. 河流健康基本特征

河流生态水文系统的特征包括整体性和系统性、动态性和不确定性、开放性和复杂性以及层级性和连续性等。结合河流健康问题开展的大量研究，可以归纳出健康的河流状况涵盖几个方面的内容：一是河流具有良好的连通性，河流形态相对稳定，也就是河流廊道能够保证河流基本功能的实现；二是河流提供的栖息地条件，能够保证或者满足水生生物的生存需求，维持生物群落的多样性特征，保证河流水生态系统的健康；三是河流能够满足人类经济社会发展的用水需求，具有可持续的生态系统服务功能。各要素之间的关系见图 4.1。

（1）时空差异性。由于河流所处区域空间参数的不同以及河流受人类活动干扰程度的差异，使得河流系统状况呈现较为明显的空间差异性，同时河流系统的生态过程也具有典型的随时间变化特性，因而其河流健康也有较为显著的时间差异性。随着季节变化、人类活动干预程度方式和程度改变，河流系统的形态、结构、生物体等将发生明显的响应。

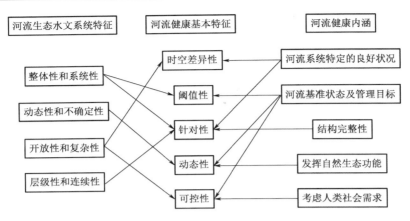

图 4.1　河流健康的基本特征（吴阿娜，2008）

（2）动态性。河流系统在自然、人类的共同干扰下，处于不断发展的演替过程中。同时，经济社会发展的阶段性，使得人类对河流功能和价值的认识具有明显的阶段特征，河流管理理念和技术水平，也使得对河流健康的理解和认识以及人类对河流系统的需求也不尽相同，呈现一定的动态变化、阶段性的特征。

（3）阈值性。一方面，河流健康代表河流系统特定的状态，这一状态并不是唯一、恒定不变的，其各项指标可以维持在适当的定量范围内，同时，河流健康的定义和衡量标准存在一定的动态变化，但其仍具有一定的阈值范围，是达到系统自身需求与河流开发利用的平衡状态。

（4）针对性。不同区域的河流具有特定的功能和特点，干旱区与湿润区、山区河流与平原河流的水文特征等存在显著差异，多闸坝河流相比于自然条件下的河流，其所发挥的生态功能及其影响因素均不一致。因此，河流健康也存在一定的针对性，应根据河流的地理、水文等环境要素以及社会、经济条件等确定合理的评价指标。

（5）可控性。河流系统健康状况受到自然和人类活动的双重影响，自然因素的影响具有长期性以及不可抗性的特点，而相对于自然因素，人为干扰因素则具有短期以及可控的特征。基于对河流健康状况及其影响因子的识别，人们可以通过调整干扰程度、改变河流管理方式等对河流健康进行调控和优化。

3. 河流健康评估

近年来，河流健康状况评价指标方法得到了广泛研究，所建立的指标体系包括河流形态结构、水质理化参数、生物指标、水文特征等（高永胜，等，2007；王淑英，等，2011；吴阿娜，等，2005）。在实际应用的过程中，在河流管理工作中，需要从实际情况出发，通过调查、论证，制定符合流域、地区、自然及社会经济发展的健康评价指标体系和评价方法。国内方面，水利部 2010 年印发了《河流健康评估指标、标准与方法（试点工作用）》，提出了河流健康评估指标体系（表 4.1），从水文水资源、物理结构等方面提出了河湖健康评估的主要指标，在具体应用中，可以结合流域实际情况，对指标进行增加。

表 4.1　　　　　　　　　　　河流健康评估指标体系

指 标 类 别	评 价 指 标
水文水资源	流量过程变异程度、生态流量保证程度
物理结构	河岸带状况、河流连通阻隔情况、天然湿地保留率
水质	水文变异状况、DO（溶解氧）水质状况、耗氧有机污染状况、重金属污染状况
生物	大型无脊椎动物生物完整性指数、鱼类生物损失指数
社会服务功能	水功能区达标指标、水资源开发利用指标、防洪指标、公众满意度指标

当前河流健康评价方法研究中，基于评价指标体系的建立，进行河流健康评价的主要方法包括水文评估、水质评估、水生物评价、生境调查等（吴阿娜，2008）。

（1）水文评估。水文评估方法通过建立河流水文特性与生态响应之间的关系，特别是水文情势变化与生态过程的关系，识别对于河流生物群落有重要影响的关键水文参数，进而分析水文条件变化对于河流系统结构与功能的影响。当前可参考的河流水文特征指标较多，但是多数指标计算较复杂，常用的水文特征指标主要为流速状况、水量状况等，目前研究主要关注水文情势对河流生态系统的决定性影响，通过分析流量大小、频率、历时等与生物群落之间的联系，明确水流情势在河流健康中的关键作用并进行相应的水文评估。

（2）水质评估。水质理化参数主要用于评估水环境质量，并反映河流健康状况。水质评估有诸多相关评价标准和法规来对水质类别进行划分，目前较为常用的理化参数包括：温度、电导率、悬移质、浊度、生化需氧量、溶解氧以及水体中营养物质和污染物的含量等。水质理化参数的监测速度快、简单方便，评价方法可以采用单项理化参数的单因子评价或基于水质指数的综合评价方法。综合评价可以基本反映水体污染性质与程度，并可对同一水体在时间上、空间上的基本污染状况和变化进行比较。

（3）水生物评价。通过河流水生物评价来反映河流系统健康状况，目前主要采用指示生物法、生物指数法以及模型预测法。指示生物法是根据调查水体中对有机污染或某些特定污染物质具有敏感性或较高耐受力的生物种类的存在或缺失，指示河段中某种污染物的多寡或降解程度。生物指数法强调用数学形式表现群落结构，指示水质变化、生境变化等对生物群落的生态学效应，该类方法的指标不具有普适性。模型预测法通过比较测试点实际出现与模型预测群落组成之间的差异程度，判断水环境质量状况。

（4）生境调查。生境（栖息地）是指生物体的一个生存区域或生存环境，也是对河流生物具有直接或间接影响的多种尺度下的物理化学条件的组合，良好的生境条件能够影响生物群落的结构组成。生境质量的表征指标包括传统水文参数、水质条件、河道形态特征、植被状况、人为干扰状况等，不同河流具有不同的生境特征。生境调查和评估侧重于河流地貌学、形态结构等方面特征的评价，其评估内容重在勘查和分析河流及其两岸生物栖息地的状况，并调查其对河流系统结构与功能的影响因素，进而对生境质量进行评估。对于河流健康的评估，需要建立生境因子与生物因子的相关关系，需要建立基准点即参照系统，需要明确水文条件、水质条件和栖息地质量 3 个要素，需要因地制宜地为每一条河流建立健康评估体系及建立生物监测系统和网络。

传统的河流环境评价是以物理、化学指标为基础，通过对物理化学指标的分析来反映河流系统所处的环境条件状况，可助于判别生态系统所面临的环境压力，但在反映河流生态系统的健康状态方面存在不足，难以评估生态系统对环境条件变化的反应及受到的影响。从发展趋势来看，将生物指标加入到河流健康评价的指标体系更利于科学评估河流生态系统的健康状况。

4.1.2　河流健康及生态需水的关系

河流健康的基本要素是具有可维持生态系统功能的水量，在具体研究和应用中，经常描述为特定的流量状态或过程。在研究河流生态保护目标及相应的需水状况时，流量需求的目标往往被描述为最小生态流量、适宜生态流量等，分别对应于维持或恢复河流不同级别生态状况的水量需求。不同目标条件下的流量大小或者流量过程根据用水对象不同情况确定，例如，改善河流水质流量需结合区域水污染防治目标计算；维持特定生物物种如鱼类生境的流量，按不同时期鱼类对水深、水温、流速和水位涨落变化的要求确定；提供经济社会用水的流量，需保证一定的水位可供发电或通航，保证一定的水量满足灌溉和供水等。同时，维持河流健康状况所需要的流量的大小，与河川水文特征、水利工程调节性能和运行情况有关（杨志峰，2003）。

河流生态需水作为河流生态目标的表征形式，从最早的单一生态流量，到后来提出的汛期、非汛期流量，再到河流生态水文季节的提法，实质上都是以生态需水对生态目标进行定量的方式。从河流健康的角度，生态需水不仅要关注水的数量，还要分析河流健康体系中物种生存的用水需求过程，生物对水的需求的时间连续性和变化特征是具有特定的规律的，在时间轴上相互结合就是生态径流过程（张洪波，2009）。每一类的生态环境问题均对应有流量需求过程，在对该过程进行分析的基础上，按照一定的规则综合出生态流量过程线，据此确定生态环境需要的流量过程范围，可为生态调度提供基础（胡和平，等，2008）。

因此，河流健康和生态需水问题紧密相连。河流需要有一定的水量、水质和持续时间的水流及其年际、年内丰枯规律等似天然流模式来保证其自身健康（张泽中，等，2008）。从河流管理的理念上，实现和维持河流健康是河流管理的目标，生态需水是其基础；从河流管理的技术角度，在评估河流健康现状的基础上，合理地确定不同河流健康目标需求下的生态需水要求，通过有效的技术手段进行河流的水文情势调控，是实现河流健康目标的必要途径。

河流水文情势的变化具有显著的季节性特征，河流生态系统受河流水情的影响也呈现明显的时空变化，对应于河流水文状况，完整的河流生态系统过程包括了汛前、汛中以及汛后几个阶段，可以称为生态水文季节（陈敏建，等，2006）。汛期的水量增加及枯水期的水量衰减过程，对河流生态系统均会造成影响，因此，河流生态需水的确定应该在河流生态水文季节特征的基础上，能够反映河道流量变化过程中生态系统出现危机状态的临界条件，属于多参数问题。河流生态需水量的计算，需要综合考虑经济社会条件和用水需求、河流纳污需水，以及生物多样性需水，通过河流生态需水特征值的研究，构建河流生态用水控制性指标生态学评价机制，将生态与环境问题以及其他水体功能需求有机结合，统一考虑（苏飞，2005）。

在我国的河流生态需水相关研究中，针对生态需水研究的不同层次和研究目的，常用的用于表征河流生态需水状况的主要指标包括生态基流、生态水位和生态需水量。其中，生态基流是维持河流系统最基本生态环境功能的水量，作为保持河流生态系统运转的基本流量，生态基流不能再作为其他用途进行调控。在流域尺度范围内，河流生态基流包含了以保护生物多样性和恢复河流生态服务功能为管理目标的内涵（刘静玲，等，2005）。生态水位是研究同河流有紧密水力联系的湖泊或湿地相关水域的生态需水时的控制指标，与处于流动状态的河道生态系统相比，湖泊生态系统对水位变化的反应更加敏感，而对流量变化的反应则相对迟缓。河道中由于闸坝等水利工程的建设，在闸坝上游，人为形成了类似湖泊的环境，在闸坝调度研究中，在生态水位的基础上，防污限制水位（左其亭，等，2013b）等概念被提出，可以作为开展闸坝生态调度的控制指标。生态需水量作为主要的生态需水表征指标，主要应用于区域或分区层面上，根据水资源的补给功能，河流生态需水量分为河道外和河道内两部分，河流生态水文效应研究当前主要分析研究河道内生态需水，河道外生态需水在水生态保护与修复对策研究时有所考虑。

河流生态需水的计算和应用，根据生态环境目标的不同，对应存在着需水量的级别和层次差异。针对目标水体处于生态系统危机出现的临界状况，需要有基本的水量来维持系统的用水需求，相应的水量被定义为最小生态需水量，低于该需水量，则河流生态系统将被严重破坏。在基本水量需求满足的情况下，为进一步提供水生生物的生存环境，保障水体生物系统的完整性，需要从生物的群落组成和习性特征角度，分析水体生物的水量需求，该目标水量被定义为适宜生态需水量，能够维持河流生态系统的完整性，是达到河流健康标准的基本条件。此外，为保持河流生态系统的稳定和可持续，需要周期性的极端水文条件，满足河流中泥沙输移、河流水质改善等特殊需求。结合河流健康的基本要求，河流生态需水具有以下几个方面的特征。

（1）时空变化性。对不同的时间尺度，在年内和不同年际之间，不同的生态系统分区如干旱区、湿地、湖泊、林地和绿洲等生态系统，生态需水量是不同的。对河流生态流量而言，不同时期、不同断面的生态流量是有差异的。生态系统的区域空间性和水资源的立体空间性，决定了不同研究区生态环境需水的内容存在差别，在保证一定总量的同时还要保证在区域空间和立体空间上的分布合理。

生态环境需水的时间性同水资源循环时间变化性相关，在河流系统表现为有年际的波动、季节的分配。例如，河流的输沙主要是利用汛期的洪水量，河流水污染控制和水生生态功能维持则需要全年各个时段都有相应的水量给予保证，不同的生态系统的生物成长也需要合适的水文过程。

（2）水质水量一致性。生态需水是水循环系统中的要素之一，作为水资源的一部分，应具有水资源的基本特征，即水质和水量的统一。在人类活动的高强度取用水状况下，河流水环境的污染对于河流生态系统的不利影响在不断扩大，水质恶化导致的水体功能破坏已经成为生态系统的重要限制性因子，因此，在分析和研究生态需水时，既要满足生态系统对水量的需求，也要充分考虑在水质方面的保障问题，做到水质和水量的统一。

（3）动态性和目标性。从生态需水的相关概念可看出，生态需水是维持某种生态系统平衡所需要的水量，即要满足生态系统内诸生态要素对水分的需求。生态要素的季节变化、年际变化、演替与演化，决定了生态需水的动态性特征。

生态需水的大小受到生态目标、生态特性和生态条件的制约。生态目标是指人们所期望的特定的生态系统的组成、结构和功能，随着期望值的提高，相应的生态需水量也发生变化。从本质上看，生态需水还受生态系统本身的组成结构和外界环境因子的共同影响。受生态系统本身物质、能量循环周期特征以及外界环境因子变化的综合作用，生态需水在不同的时段和空间范围内是不同的。在区域水资源合理配置中也应根据这种差异，因时、因地制宜，科学确定生态需水目标。

（4）不确定性和阈值性。生态需水量受自然和人类活动双重影响，是一个逐渐积累变化的过程，有其自身的趋势和一定的波动性，因此，维持生态系统健康所需的水分不是在一个特定的点上，而是在一定范围内变化的，变化的范围就构成了生态系统水分需求的阈值区间。实现生态目标，保护生态系统，必须综合考虑生态需水的阈值，并根据实际情况加以控制和调整。

（5）整体性。生态系统是复杂系统，它的各组分通过协同进化形成了一个不可分割的、统一的整体。对复杂系统结构和功能的理解，应以整体性原则为指导，在系统水平上进行研究。因此，对生态需水的研究，不能只局限于某一个关心的物种或目标，必须遵循整体性原则，只有深入地理解并掌握了水量、水质以及水力等条件对生态系统的影响，才可能科学合理地确定生态需水量。

4.1.3 河流生态需水评估方法

河流生态需水问题是随着河流生态与环境问题的日益严重被关注和提出的，研究和确定河流生态流量，对于遏止由河道断流和流量减少造成的生态环境恶化，实现流域生态系统的可持续发展具有重要意义。在水资源的可持续开发利用理论与实践中，保证生态需水逐步成为当前水文水资源领域研究的热点，形成很多生态需水概念及计算方法的研究成果，从 20 世纪 40 年代开始，美国、欧洲等国开展了诸多关于鱼类生长繁殖、产量与河流流量关系的研究，并逐步深入到生态需水量研究的各个方面，大量的计算和评价方法被不断提出。目前，全球范围内生态需水的计算方法有 200 多种，大致可分为六大类：水文学法、水力学法、栖息地模拟法、整体法及其他方法。

1. 水文学法

水文学法在我国应用最为广泛，主要利用流量历时曲线或平均流量分析获得推荐值，使用长系列水文资料进行计算分析，这一类方法简单易用，但是很难准确建立流量与水生态系统的关系。常用的有蒙大拿法、变化范围法、最枯月平均流量法、7Q10 法、月（年）保证率设定法等。

（1）蒙大拿法（Tennant 法）。Tennant 法也称为"Montana 法"，在我国应用比较广泛，它以预先确定的河流年平均流量的百分比作为生态流量估算的标准，不同月份采用的百分比不同（表 4.2）。该方法是 Tennant 等人在1964—1974 年对美国 11 条河流实施了详细野外研究的基础上，构建了水深、河宽、流速等栖息地参数和流量之间的关系。Tennant 等人得到的结论如下：

1）年平均流量的 10% 可以作为支撑多数水生生物短期生存栖息地的最小瞬时流量。此时，河流的水深、流速、生物栖息地等条件已经接近河流鱼类的最低生存需求，为保障鱼类栖息、繁殖等基本生态功能，必须要慎重考虑社会系统的取用水量。

2）一般河道内流量占到年平均流量的 30%～60% 时，河宽、水深及流速基本满足生态系统基本需求。此时，河道中大部分浅滩被水淹没，能为鱼类的活动提供保障，无脊椎动物数量和种类会有一定的减少，但对鱼类觅食影响不大。

3）一般河道内流量占到年平均流量的 60%～100%，水深、河宽及流速可为生态系统提供良好的环境。此时，河道急流和浅滩大部分将被淹没，能为鱼类提供足够的活动地带，水生植物和岸边植物水量供应也有保障，并且无脊椎动物大量繁殖，种类和数量丰富。

4）对大江大河而言，5%～10% 的年平均流量仍使其具有一定的水深、河宽和流速，可以满足绝大多数水生生物短时间生存所必需的瞬时最低流量。

表 4.2　　　　　　　Tennant 法的栖息地与流量关系

流量及相应栖息地的定性描述	推荐基流标准（平均流量百分数）/%	
	一般用水期（10 月至次年 3 月）	鱼类产卵育幼期（4—9 月）
最大	200	200
最佳范围	60～100	60～100
很好	40	60
好	30	50
较好	20	40
一般或较差	10	30
差或最小	10	10
严重退化	<10	<10

Tennant 法主要适用于北温带河流生态系统，比较常用于大的、常年性河流。该方法为经验方法，只需要历史流量资料，使用简便，可作为河流水资源规划及战略性管理使用。但该方法中没有考虑日、季度或年际间的流量变化，还需要结合其他方法进一步细化。

（2）变化范围法（RVA）。RVA 是 Richter 在 1997 年提出来的一种评估河流生态水文变化的指标体系，该方法是在 IHA（Indicators of Hydrologic Alteration）法的基础上，依据河流系列长度大于 20 年的日水文资料，从流量大小幅度、时间、频率、历时和变化率等 5 个方面构建了 33 个具有生态意义的关键水文指标，常用来评价水文系统变化的程度及对生态系统的影响。

实际应用中，常采用 IHA 各指标发生概率 75%及 25%的值或者各指标的平均值加减一个标准偏差作为各指标参数的上下限（即 RVA 阈值），通常将指标上下限的范围作为可接受的生态流量范围。RVA 阈值即为天然生态系统可承受的流量变化范围，可为河流生态流量的确定提供依据。RVA 可通过监测生态流量目标实施后对河流生态系统的影响来修正原有的生态流量范围，不依赖于大量的生态信息，比较适用于受人类活动影响的河流，在国外有广泛的运用。

（3）最枯月平均流量法。最枯月平均流量法比较简洁，河流的基本需水量直接取最枯月平均实测径流量的多年平均值。该方法常需要长系列水文资料，在人类影响比较剧烈的流域，结果可靠性偏低。该方法采用的径流公式为

$$W_b = \frac{1}{n} \sum_{i=1}^{n} W_{i\min} \tag{4.1}$$

式中：W_b 为河流基本生态需水量，亿 m^3；$W_{i\min}$ 为第 i 年实测最小月径流量，亿 m^3；n 为统计年数。

（4）7Q10 法。7Q10 法主要采用 90%保证率下连续最枯 7d 实测径流量的平均值作为河道最小流量设计值。针对我国的情况，对该方法进行了改进，《制订地方水污染物排放标准的技术原则与方法》（GB 3839—1983）中规定：河流一般采用近 10 年最枯月平均流量或 90%保证率的最枯月平均流量作为下游河道最小生态流量值。该方法主要应用于有纳污需求的河流中，如果在没有排污目标的河流中应用，该方法所取得的值一般要大于河流实际的生态环境需水量。

（5）月（年）保证率设定法。月（年）保证率设定法是根据研究区实际情况及现有的水文资料，在不同的月（年）保证率条件下，将设定等级下的天然平均径流量百分数作为河道需水量的等级。该方法是王西琴（2007）针对我国北方地区突出的污染问题提出的一种计算河道基本环境需水量的方法，与Tennant 法类似，同样规定 10%的年平均流量是河道流量的最低下限。

2. 水力学法

水力学法是采用实测或者由曼宁公式计算获得的水力参数来确定河道生态流量，这类方法适用于稳定的河道，相对水文学法，该类方法考虑了生物栖息地要求以及不同流量水平下栖息地的变化性，但是未考虑河流物种及其生存的需求，也体现不出季节变化因素，限制了该法的应用。常见的水力学法有湿周法、R2CROSS 法、水力半径法等。

（1）湿周法。湿周法是根据流速、宽度、深度和湿周等河道水力参数来确定河流所需流量，这些水力参数可通过实测获得，也可通过曼宁公式计算获得。湿周法受到河道形状的影响，适用于宽浅矩形渠道和抛物线形河道，同时要求河床形状稳定，且湿周法存在对湿周-流量曲线突变点选择上的主观性。湿周法是目前世界范围内最常使用的水力学方法。

（2）R2CROSS 法。R2CROSS 法是以曼宁公式为基础的计算方法，该法将平均流速、平均水深及湿周百分数作为鱼类栖息地指数，并以此来推求适宜浅滩式河流栖息地冷水鱼类生存的最小生态流量。鉴于生物对流速、水深等参数的需求存在差别，应结合研究区生物特性适当修正水力参数标准值。该方法比水文学法相对复杂，常采用一个河道断面的水力参数代表整条河流，容易产生误差。

（3）水力半径法。该方法是刘昌明等（2007）为计算河道内生态需水而提出的一种新方法。该方法利用水生生物信息（鱼类洄游、产卵需要的流速）和河道信息（糙率、水力坡度）来估算河流的生态需水量，其基础为谢才公式，是一个宏观的物理量，故应用中对天然河道的流态及断面的流速做了假设。该方法中考虑了生物对流量、水位的需求，对河道数据的要求比较苛刻。

3. 栖息地模拟法

栖息地模拟法主要利用流量与种群栖息环境之间的关系，根据河道内指示物种所需求的栖息条件确定河道生态流量，该法考虑了生物的需求，但是该法资源消耗大，过程比较复杂，而国内河流生物资料并不充分，限制了该方法的应用。常见的有河道内流量增量法、鱼类生境法、生物空间最小需求法等。

（1）河道内流量增量法。河道内流量增量法（IFIM）是美国渔业及野生动物署在 1974 年提出的，对流量引起目标物种栖息地的变化进行了定量描述。该方法考虑了目标物种对栖息地流速、水深、河床底质等物理环境变量的需求，并利用适宜栖息地面积来表征栖息地生态环境，通过流量与适宜栖息地面积之间的关系来获取生态流量。

（2）鱼类生境法。鱼类生境法是在分析鱼类生境指标与水力学参数之间关系的基础上，选取满足鱼类生境需求的水力学参数，最终确定适宜的生态流量。一般采用鱼类产卵所需要的水力学参数（流速、水深等）来确定生态流量。

（3）生物空间最小需求法。河道生物空间最小生态需水是指为满足河流水生生物对生存空间的基本需求所需的最小水量。该方法是从生物、地形和水文及其相互关系角度出发，研究生物对生存环境的最小需求，获得最小生态需水量。

4. 整体法

整体法主要考虑河流生态系统的整体性需求，并结合专家的意见综合确定河道的生态流量。该法将生态整体性与流域管理规划相结合，结果的可靠性比较高，但是资源消耗比较大，推广比较困难。常见的整体法有 BBM、HEA 等。

（1）BBM。BBM 源自南非，在当地已经有许多应用实例，该方法以河流系统对水质水量的需求为基础，再设定一个满足需水要求的状态，并综合分析专家组的意见、4 个砌块（枯水年基流量、高流量，平水年基流量、高流量）的确定原则，最终确定满足要求的生态流量。砌块订立原则为：尽量模拟河流的原始状态；保留河流的丰枯变化；丰水季节多用水，干旱季节少取水；干旱年和湿润年季节基流要保留；湿润年的洪水需要保留；保证河流洪水的基本生态环境功能。

（2）HEA。HEA 与 BBM 类似，是澳大利亚学者针对当地河流提出的生态需水量计算方法。该方法是在保持河流流量的完整性、动态变化性的基础上，进行整个河流系统（河源区、河道、河岸带、洪泛区、湿地等）的评估。该方法指出，较小洪水可以为生态系统提供所需的营养物质，并运输颗粒物和泥沙；中等洪水会使生物群落重新分布；较大洪水会损坏河流结构；低流量可保障动物的繁殖迁徙、生物群落的稳定性及营养物质的循环。为了保障河流生态目标的实现，也就必须要保证河流具有一定的洪水和低流量，其规模和持续时间需要根据保护目标来确定。同时，HEA 的实施要求有实测和天然时间系列流量数据、跨学科的专家组、现场调查及公众参与。

除了以上 4 类方法外，还有针对水体稀释和自净需水量的环境功能设定法，针对河流输沙排盐需水量计算的方法，以及针对河口生态需水、河滨湿地生态需水等特定区域的河流生态需水计算方法。

河流生态需水的计算方法都具有一定的适用范围及优缺点，水力学法与水文法只需基本的水文数据与水力学参数即可，计算简便，应用比较广泛；栖息地模拟法与整体法相对比较复杂，所需要的成本也非常巨大，一般也仅在小流域开展探索性的研究，但是此类方法能考虑物种整个生命周期的流量需求，更贴近生态系统要求。生态需水计算方法存在着不同的侧重点，在实际应用中，要根据河流具体情况需求，选择合适的计算方法。

4.2　面向河流健康的生态需水评估方法

4.2.1　面向河流健康的生态需水概念

在人类活动影响条件下，河流健康的核心问题是人类对河流自然状态干扰程度的大小。结合水利工程对河流生态系统所产生的三级生态效应，以及河流生态需水的主要表征指标，可以看出，在考虑人类经济社会用水要求的条件下，针对河流水文情势的变化对水生态系统的影响，河流健康目标所对应的生态需状况要以生态系统对水文系统变化的响应为依据来进行分析。也就是说，河流健康状况及其特征与河流生态水文指标紧密相关。

由于水生态与水环境关系密切，研究中对生态和环境需水难以严格区分或者统一，生态需水在很多情况下被认为包含了环境用水。根据人类活动影响下的河流生态水文效应演变过程，河流健康涉及水文、水环境和水生态等多个方面，面向河流健康的生态需水，需要以水环境和水生态的改善为目标。不同河流的水环境和水生态因子存在差异，因此，在河流生态需水分析环节中，可以分别从生态和环境的角度，考虑河道内生态需水量和河道内环境需水量两个方面。

河流健康的要求包括河流生态系统完整和河流环境系统良好，为此，在河流无法避免人类活动影响的状况下，需要在水资源开发利用活动中，结合水生态系统特征和水环境保护需求，有针对性地考虑河流生态需水要求和环境需水量。河流健康的主体是水生态系统，因此，要维持河流健康，需要相应满足水生态系统健康的水流条件，即包含流量大小、发生时间、频率、持续时间和变化率等特征的似天然水流模式。

根据以上分析，提出面向河流健康的生态需水定义如下：以河流健康可持续发展为目标，基于水量时空变化特性，满足河流水质要求，维护河流生态系统健康水平所需要的水资源量，具有时间和空间的阶段变化性和整体连续性特征。

4.2.2　面向河流健康的生态需水评估方法

河流健康和生态需水都是河流水资源管理中的重要问题，两者综合起来考虑，将是涉及多目标、多层次的复杂问题，结合水资源系统的综合管理，可以在现有相关理论和技术的基础上，进行技术方法的综合分析，开展进一步的深入研究。对河流生态需水的量化和评估，需要以水文过程为基础，综合考虑人类用水、水环境保护、水生态系统维持和修复等实际需求，通过综合分析，确定不同目标、不同条件下的水量或流量过程，构成特定条件下的河流生态需水过程，逐步实现河流健康目标。

目前国外应用的生态需水评估方法，多以河流生态为目标，对于当前我国河流开发程度较高、水环境问题相对突出的状况，以及河流水生态资料监测积累不足的制约，在很多情况下还不具备使用这些方法的条件。现有国内在河流生态需水研究中，相关概念包括河流生态需水、河流环境需水以及河流生态环境需水等，在水资源规划的生态水量配置或单独的河流水环境分析时，大都是包含了河流健康的生态需水和环境需水两个方面，在河流健康生态环境需水研究中，可以对相关的计算和分析研究方法进行借鉴，或者基于特定的河流生态需水问题，进行计算方法的改进和综合分析。

从河流生态系统健康的角度出发，结合面向河流健康的生态需水涵义，应该从生态需水要求和环境需水要求两个方面来定量确定河流生态需水的构成，其中，生态需水部分以河流水生态系统水量需求为目标，分别从最小生态需水量和脉冲生态需水量进行分析，满足生态需求的脉冲需水量属于适宜生态需水量；环境需水量以河道基本用水保障为目标，包括最小环境需水量和脉冲环境学水量。即面向河流健康的生态需水量包括满足生态需求的最小生态需水量和适宜生态需水量、最小环境需水量和脉冲环境需水量。

基于以上理解，本书提出面向河流健康的生态需水评估方法（简称EWRH方法），其思路如下：针对目标河流，分析确定河流健康的需水目标集；将需水目标集中的指标分为河流水生态目标、河流水环境目标两类；河流水生态目标需水量细分为满足生物生存的最小生态需水量和考虑水生生物特定水流条件的脉冲流量（适宜生态流量），河流水环境目标需水量细分为维持河流基本功能的最小环境需水量；分河段、分时段进行水量分析，同一河段、同一时段，各类需水量最大者作为河流健康的需水量，其中对应特定时段多目标中的最低目标值是最小需水量，若可以同时满足特定时段所有目标（生态和环境）需水量，可以认为是适宜需水量；对应河流健康目标，综合确定河流生态需水量，得到完整的河流生态需水过程（或水量），即为面向河流健康的生态需水量。

面向河流健康的生态需水量计算方法中，关键的定量指标包括最小生态需水量、脉冲生态需水量、最小环境和脉冲环境需水量，各指标随着河流水生态系统和环境维持及改善需求的时空变化，呈现连续变化的特征，见图4.2。

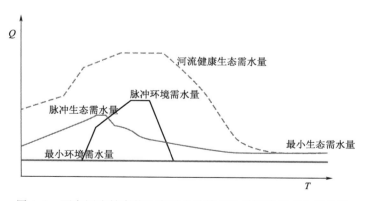

图4.2　面向河流健康的生态需水计算方法关键指标变化示意图

各关键指标的计算方法介绍如下。

1. 最小生态需水量

根据河流生物物种多样性特征，最小生态需水量是指能保证生物生存及生物群落现状，基本维持其生长发展用水的基本水量。

河流中的指示生物对河流环境的适应性强弱不一，可以因地制宜地在某河段选择一种或几种生物作为生态目标，进行最小生态需水量的确定。不同的生态目标，对于生态需水的要求不一样，需要在大量基础数据监测和分析研究的基础上，选取典型的指示型生物，借鉴现有的方法，在具体应用时，可以进行方法细化或改进。

根据计算出的每个生态目标的需水流量，选取最小值作为最小生态需水量$Q_{E\min}$，各河段各计算时段最小生态需水量公式描述如下：

$$Q_{Eij} = Opt(Q_{E1}, Q_{E2}, \cdots, Q_{Ek}) \tag{4.2}$$

式中：Q_{Eij}为i河段第j时段最小生态需水流量；Q_{Ek}为此河段第k种生态目标最小需水流量，$k=1, 2, \cdots, n$。

2. 适宜生态需水量

适宜生态需水量主要针对河流生态对特殊生态环境所需流速、流态、水深等要求的流量，在河流的水文情势过程中，该需水量对应的流量过程属于脉冲流量。主要目标是保障生物完整性。根据河流中的生物生存特征，适宜生态需水量具有时间间断性和时空动态性。

适宜生态需水量的确定可以通过多种途径，例如，可以通过建立水文指标与生物物种之间的对应关系，从而进行适宜生态流量确定，或者将水文条件同生物生境指标建立联系，确定两者之间的相互影响，进一步确定适宜生态流量。因生态目标不同，各适宜生态流量（需水量）也不相同，可以根据不同条件下的计算成果，选取各种流量过程的极大值，作为适宜生态流量：

$$Q_{EPij} = Opt(Q_{EP1}, Q_{EP2}, \cdots, Q_{EPk}) \tag{4.3}$$

式中：Q_{EPij}为i河段j时段适宜生态流量；Q_{EPk}为此河段第k种生态目标适宜生态流量，$k=1, 2, \cdots, n$。

3. 最小环境需水量

针对河流健康目标中的河流地貌结构、水环境指标，以及河流同经济社会之间的联系，需要考虑确定河流的环境需水要求。参照相关研究，河流最小环境需水量定义为能维持河流环境的基本功能，保持河流最基本的污染物稀释和自净能力所需要的基本水量。

河道环境的流量Q_R可以根据现有的稀释自净能力分析，进行初步设定。计算中，可以将河流划分为多个计算单元，计算每个计算单元的最小生态径流量$Q_{Ri}(i=1,2,\cdots,n)$，据此求和得到整条河流的最小河道环境流量。计算可参照环境功能设定法公式，Q_{Ri} 需要同时满足以下条件（王西琴，等，2001）：

$$Q_{Ri} = (q_{gi} + q_{bgi} \pm Q_{gi}) \pm Q_{mi} \qquad (4.4)$$

$$Q_{Ri} \geqslant \lambda Q_{wi} \qquad (4.5)$$

$$Q_{Ri} \geqslant Q_{mi(p)} \quad (p \geqslant p_0) \qquad (4.6)$$

式中：q_{gi} 为河道上游地下补水量；q_{bgi} 为支流地下补水量；Q_{gi} 为计算单元 i 的地下补水量；Q_{mi} 为 i 河段除河道基流外，为满足河段特定环境功能所需水量；λ 为稀释系数；Q_{wi} 为第 i 段达标排放的污水总量；$Q_{mi(p)}$ 为不同保证率下计算河段的水量。

4. 脉冲环境需水量

脉冲环境需水量是为满足河流环境整体保持稳定状况，在特殊时期需要有一定的非稳定流量，常规的需求包括汛期泥沙输移，或因突发污染事件需要进行污染物稀释的水量。

河流在汛期进行泥沙输送时，对水量的需求主要为有合适的流量过程，以及适宜的含沙量范围。针对泥沙输移用水需求，可以采用以下汛期输沙需水模型公式（石伟，等，2002）：

$$Q_S = \cfrac{1000}{\left(S_{i^*} Q_{1m} - \cfrac{1000 T}{\Delta t} - \cfrac{1000 \Delta Z}{\Delta t}\right) \cfrac{1}{Q_{2m}}} - \cfrac{1}{r_s} \qquad (4.7)$$

式中：Q_S 为河段的输沙水量；Q_{1m}、Q_{2m} 为该河段上、下游断面平滩流量；ΔZ 为泥沙冲淤量，冲负淤正；T 为引沙量；Δt 为冲淤时间；S_{i^*} 为上游断面的水流挟沙能力。

突发水污染事件的处理，需水通过紧急调水来实现，其水量根据污染物的稀释目标需求或河段的纳污能力来计算。通过对一维水质模型的变形（韩宇平，等，2014），可以得到如下计算公式：

$$Q_M = \cfrac{q_0 S_0 \exp(-\cfrac{K_x}{86.4u}) - q_0 C(x)}{C(x) - C_0 \exp(-\cfrac{K_x}{86.4u})} \qquad (4.8)$$

式中：Q_M 为脉冲环境需水量；q_0 为排污口排入河流的水量；S_0 为排污口排入河流的污染物浓度；$C(x)$ 为河段终止断面的污染物浓度；K_x 为污染物降解系数；x 为河段长度；u 为水流流速。

5. 河流健康生态环境需水量

在对河流生态需水量和环境需水量分析计算的基础上，根据河流健康生态环境需水的定义，河流健康生态环境需水量 Q_{ECO} 是河流生态需水量与环境需水量之和减去二者重复部分。综合公式表述为

$$Q_{ECO} = \sum_{i=1}^{n} (Q_{Ei} + Q_{EPi} - Q_{EDi}) \qquad (4.9)$$

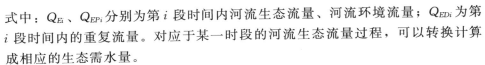
式中：Q_{Ei}、Q_{EPi} 分别为第 i 段时间内河流生态流量、河流环境流量；Q_{EDi} 为第 i 段时间内的重复流量。对应于某一时段的河流生态流量过程，可以转换计算成相应的生态需水量。

基于河流生态系统和水资源系统的复杂性，可以采用大系统分解协调方法进行面向河流健康的生态环境需水的计算与分析。在提出的计算方法中，式（4.2）和式（4.3）是生态需水量协调公式，式（4.4）、式（4.7）和式（4.8）为环境需水量协调公式。

面向河流健康的生态需水计算方法的主要特点是：把河流生态需水问题分解为河流生态需水和河流环境需水两个部分，每一部分在分析过程中，考虑并分析最小的或者适宜的流量目标所对应的确定方法，通过对复杂问题的分析，将生态环境需水分解成多个目标因素。再针对各个子目标，结合具体计算河段或者计算单元的资料状况、生态系统特征，合理确定一个或几个关键的目标因素，选取适当方法进行流量或者水量过程的计算，最终得到面向河流健康的生态环境需水过程。具体分析与计算过程可以分为 5 步。

第一步：根据所研究河流的特征，结合生态需水计算的任务要求，通过实地调查、资料评价等方式，对研究区的水生态系统状况进行分析，明确水资源或水环境管理目标，并进一步细化河流健康的评价指标。

第二步：结合河流健康的用水需求，对照所确定的河流健康指标体系中同生态需水有关的关键指标，对河流健康生态环境需水的各个部分进行分解。

第三步：确定计算单元，选取计算时段，借鉴改进的相关河流生态需水和河流环境需水公式，计算其各生态目标所对应的需水量。

第四步：在计算得到各子系统不同目标或层级条件下的生态需水量的基础上，选取相应的生态需水协调计算方式，进一步综合分析得到河流生态需水量和环境需水量，整合后得到河流健康生态环境需水和流量过程。

第五步：综合考虑水资源条件、水资源系统特征、经济社会用水需求，对计算结果进行合理性分析。

所确定的河流生态环境需水量可以作为生态需水的配置或调控的参考依据；在后期的河流管理中，可以通过对河流健康状况的监测分析，对比分析不同条件下的生态需水状况，对需水计算方法进行评估修正或方法改进，以不断提高河流生态需水的分析技术和管理水平。

4.2.3　闸控河流健康生态需水特征分析

闸控河流健康生态需水分析，一是考虑河流生态需水和经济社会用水的矛盾，二是基于闸坝对水文过程的影响，因此，其核心是分层次、分时段、分级别（韩宇平，等，2014）。闸坝工程生态水文效应的不同层次对应不同的需水状况，考虑到闸控河流生态系统受到闸坝工程建设及运行的影响，闸控河流在多个河段受工程影响的情况也不一样，河流水环境管理目标存在不同，需分析不同条件和生态目标下的需水状况，进行区域生态需水的协调，进而确定合理的生态需水量及其过程（金鑫，2012）。

闸控河流生态需水需求，需要基于对不同类型的河流生态系统功能和指标，探讨河流的生态需水流量、环境需水流量分析与界定方法，建立多闸坝河道内生态需水量的阈值理论。通过开展河段水文、水环境和水生态监测，分析闸坝对河流生态水文的影响，探明河道生态需水量时空尺度特征，研究河道生态系统的需水机理，构建闸控河流健康的指标体系。综合分析区域生态需水状况，给定各类别生态需水量的分类和计算方法，并基于人类用水和河流生态保护等多目标，建立研究区适用的生态需水分析计算方法。

闸控河流的形态变得均一化和非连续化，在不同程度上使得河流形态的多样性发生改变，水域生物群落多样性随着生境的变化而降低，对河流生态系统的健康和稳定性都有不同程度的影响（董哲仁，2003）。我国对于河流水环境的管理时间短，缺乏系统的河流生态观测资料，目前仅在水文资料的积累方面有一定的基础。在生态资料短缺的情况下，在研究中通常采用几种常规的生态流量方法计算河流的生态需水量，再结合相关资料或者技术要求，来分析确定合理的生态流量。目前，国内在水资源研究和应用领域，较多的是采用 Tennant 法、7Q10 法、近 10 年最枯月平均流量法等方法，确定生态流量，以此可作为河流的基本生态需水约束（尹正杰，等，2013）。

4.3 沙颖河流域典型断面生态需水评估

4.3.1 沙颖河健康状况评估

水文评估和水质评估是河流健康评估的常用方法，从河流健康的角度，将水生态融入评价体系，可以更加科学地评估河流的健康状况。夏军等（1999）提出的多级关联评价方法，是一种应用于水环境和生态系统的复杂系统综合评价方法。在进行水生态评价中，可以基于所采集水生生物检测分析，得到相应的生物指数，按照指示水生生物的生存环境，开展监测断面的水生态状况综合评价。步骤为：先对生态调查工作中取得的水生动植物样本进行化验分析，选取典型指示生物，基于其耐污性对水体污染程度进行分析；根据计算得到的各生物指数，利用多级关联评价方法进行综合评价。

基于 2012 年 12 月对沙颖河流域典型断面的水生态调查数据，采用多级关联评价方法，分析得到沙颖河流域典型河段的水生态系统健康状况，评价结果见表 4.3。

表 4.3　　　　　　　沙颖河流域典型河断的水生态系统健康状况

闸坝断面	河流健康程度	水体污染程度	生态系统稳定性
平顶山	健康	轻度污染	稳定
漯河闸	亚健康	中度污染	脆弱
周口闸	亚健康	中度污染	脆弱
槐店闸	不健康甚至病态	重度污染倾向于严重污染	不稳定
界首	亚健康或不健康	重度到中度污染	不稳定
颍上闸	亚健康或不健康	重度到中度污染	不稳定

从河流健康程度的评价结果可以看出，河流健康状况上游好于下游。结合表 3.7 中各站点水生生物评价得到的水体污染程度和生态系统的稳定性可以看出，沙颖河各河段的健康状况同水体的污染程度紧密相关，同时对于河流生态系统的稳定性具有重要影响。

根据同期水生态调查资料，左其亭等（2015）在构建水生态健康评价指标体系和健康评价标准体系的基础上，运用水生态健康综合指数法和水体水质综合污染指数对河流水生态健康状况进行了评价，结果表明沙颖河干流 60% 的监测断面处于"亚病态"或"病态"水平。研究分析结果同上述结论具有一致性，进一步表明沙颖河中上游水生态退化较严重，需加强水环境污染的综合治理。

4.3.2　典型河段生态需水量确定

沙颖河流域具有典型的闸坝影响特征，受闸坝影响等人类活动强烈干扰的现实情况下，河流生态目标限定为主要考虑水生生物保护与水体污染的治理，河流生态需水的目标相应确定为：在水污染治理阶段，维持河流水体质量不恶化，具有正常的水环境功能，河流水生态系统保持良性发展的趋势。由于河流被闸坝分割成段，各河段水生态与水环境状况会因为闸坝的影响而存在不同情形，因此，研究中分河段计算河流的生态需水量。

结合生态需水计算方法的适用条件，以及水文等资料的收集情况，采用 Tennant 法初步分析河流的最小生态需水量，用水力半径法确定典型河段的适宜生态需水量，用 7Q10 法进行河流环境需水量的分析，用月（年）保证率设定法来验证适宜生态流量计算结果的合理性。研究中收集了 1956—2012 年共 57 年的各断面水文资料，包括月实测径流资料、天然径流资料，以及各断面的实测大断面资料等。

1. 最小生态需水流量

结合 Tennant 法对河流流量不同标准的划分，结合沙颖河流域的水文情况，可以在当前阶段考虑多年平均流量的10%作为河流生态系统提供的短期最小栖息环境基础，可以为河流中部分生物如鱼类的生存提供一般需求，并且也能为绝大多数水生生物提供所必需的栖息地条件。

沙颍河流域属于水资源开发程度高且河道水文情势受人类活动干扰控制程度强烈的区域，河流生态系统的状况相对较差，在水资源配置中，需要优先考虑生态环境用水需求。针对典型水域断面最小生态流量（80m³/s），不大于80m³/s的部分按10%分配生态流量，大于80m³/s的部分按5%分配生态流量，则可以保障河流生态系统中部分鱼类生存的一般需求。计算结果见表4.4。

表 4.4　　　　　典型水域断面最小生态流量

断面名称	天然径流量/亿 m³	最小生态流量/(m³/s)	平均流量/(m³/s)
漯河断面	28.07	8.73	88.99
周口断面	40.69	10.73	129.04
界首断面	42.48	11.01	134.70
阜阳断面	55.43	13.06	175.76

采用"同比缩减"法对典型断面最小生态流量的年内过程进行展布，见表4.5、表4.6。

表 4.5　　　　　枯水年（75%）天然径流过程　　　　　单位：m³/s

断面名称	年份	1月	2月	3月	4月	5月	6月	7月	8月	9月	10月	11月	12月	平均
漯河断面	1996	21.7	19.0	24.0	48.3	58.7	67.2	157.2	170.3	101.5	79.1	44.5	29.1	68.4
周口断面	1992	43.6	19.7	80.2	45.9	162.1	27.5	93.9	129.8	115.9	53.3	19.8	21.7	67.8
界首断面	1998	16.8	16.6	5.6	12.4	136.7	17.9	329.8	52.7	88.1	54.9	21.6	0.8	62.8
阜阳断面	1963	5.3	4.2	60.9	47.9	59.2	79.9	89.3	155.2	184.8	180.5	156.1	74.4	91.5

表 4.6　　　　　典型断面最小生态流量过程　　　　　单位：m³/s

断面名称	1月	2月	3月	4月	5月	6月	7月	8月	9月	10月	11月	12月	平均
漯河断面	2.6	2.3	2.9	5.9	7.1	8.2	19.1	20.7	12.4	9.6	5.4	3.5	8.3
周口断面	6.5	3.0	12.0	6.9	24.3	4.1	14.1	19.5	17.4	8.0	3.0	3.3	10.2
界首断面	2.8	2.8	0.9	2.1	22.8	3.0	55.1	8.8	14.7	9.2	3.6	0.1	10.5
阜阳断面	0.7	0.6	8.3	6.5	8.1	10.9	12.2	21.1	25.2	24.6	21.3	10.1	12.5

2. 适宜生态需水量

适宜生态需水量采用水力半径法进行分析。水力半径法在使用中，对于天然河道的流态按照明渠均匀流进行简化分析，并采用河道监测断面的平均流

速。计算公式为

$$R_{\text{生态}} = n^{3/2} \cdot (V_{\text{生态}})^{3/2} \cdot J^{-3/4} \tag{4.10}$$

$$Q_{\text{生态}} = \frac{1}{n}(R_{\text{生态}})^{2/3} \cdot A \cdot J^{1/2} \tag{4.11}$$

式中：A 为过水断面面积；n 为糙率；J 为水力坡度；$V_{\text{生态}}$ 为生态流速；$R_{\text{生态}}$ 为生态水力半径。

采用水力半径法进行河流生态需水的计算，先根据河床的糙率 n、水力坡度 J 和生态流速 $V_{\text{生态}}$ 计算生态水力半径 $R_{\text{生态}}$；再结合大断面资料，绘制 A 与 R 的关系曲线，查对应的过水断面面积；最后，利用式（4.10）计算出满足特定鱼类物种生存所需要的河段断面生态流量，在此基础上推断确定控制断面的生态需水量。根据断面的水位流量关系，可以推导出河道控制断面的生态水深和生态水位，为决策分析提供参照。

根据相关研究分析资料，沙颍河干流的平均坡降为 0.13‰，受闸坝影响，监测分析断面上下游的河床糙率，需要结合控制断面附近的河道特征进行确定。图 4.3 为该站周口闸下水文监测断面示意图。

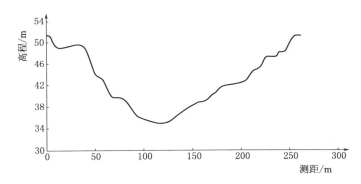

图 4.3　周口闸下水文监测断面示意图

根据周口断面实测大断面数据，绘制得到过水断面面积 A 与水力半径 R 的关系曲线，以及水位 Z 与水力半径 R 的关系曲线，见图 4.4 和图 4.5。

根据沙颍河流域相关研究资料，天然河道糙率值取 0.04，水力坡度取 0.13‰，鱼类产卵期为 4—7 月，鱼类产卵期需水流速为漯河断面选取 0.6m/s，其他断面选取 0.4m/s。计算得到河道生态水力半径为 1.66m，过水断面面积为 93.30m²，相应的生态流量为 $Q_{\text{生态}} = 38.07\text{m}^3/\text{s}$，对应生态水深为 2.47m，生态水位为 37.58m。

类似地对其他 3 个典型断面采用该方法进行生态需水流量的计算，计算所得生态需水流量及对应水位和水深见表 4.7～表 4.9。

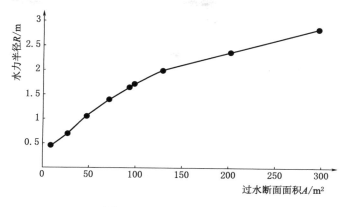

图 4.4 *A-R* 关系曲线图

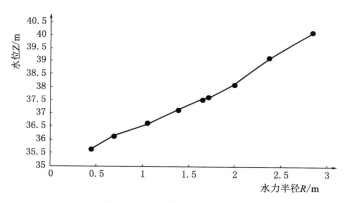

图 4.5 *Z-R* 关系曲线图

表 4.7 典型水域断面生态需水流量 单位：m^3/s

断面名称	1月	2月	3月	4月	5月	6月	7月	8月	9月	10月	11月	12月
漯河断面	17.7	17.7	17.7	51.9	51.9	51.9	51.9	17.7	17.7	17.7	17.7	17.7
周口断面	38.1	38.1	38.1	38.1	38.1	38.1	38.1	38.1	38.1	38.1	38.1	38.1
界首断面	51.5	51.5	51.5	51.5	51.5	51.5	51.5	51.5	51.5	51.5	51.5	51.5
阜阳断面	62.3	62.3	62.3	62.3	62.3	62.3	62.3	62.3	62.3	62.3	62.3	62.3

表 4.8 典型水域断面生态水位（黄海基面－1985 高程） 单位：m

断面名称	1月	2月	3月	4月	5月	6月	7月	8月	9月	10月	11月	12月
漯河断面	50.3	51.3	51.4	50.8	50.8	51.2	51.2	51.4	51.2	51.3	51.3	51.4
周口断面	33.5	33.5	32.5	31.4	31.4	31.4	31.6	31.6	32.3	32.3	32.3	32.3
界首断面	24.1	24.1	24.1	24.1	24.1	24.1	24.1	24.1	24.1	24.1	24.1	24.1
阜阳断面	18.9	18.9	18.9	18.9	18.9	18.9	18.9	18.9	18.9	18.9	18.9	18.9

表 4.9　　　　　　　　　　　　典型水域断面生态水深　　　　　　　　　　单位：m

断面名称	1 月	2 月	3 月	4 月	5 月	6 月	7 月	8 月	9 月	10 月	11 月	12 月
漯河断面	0.74	0.74	0.74	1.03	1.03	1.03	0.74	0.74	0.74	0.74	0.74	0.74
周口断面	2.35	2.35	2.35	2.35	2.35	2.35	2.35	2.35	2.35	2.35	2.35	2.35
界首断面	1.70	1.70	1.70	1.70	1.70	1.70	1.70	1.70	1.70	1.70	1.70	1.70
阜阳断面	1.95	1.95	1.95	1.95	1.95	1.95	1.95	1.95	1.95	1.95	1.95	1.95

3. 最小环境需水量

沙颍河中上游地区的水生态环境治理与修复面临着巨大的压力，因为该区域经济社会发展程度高，水资源短缺和水污染问题突出，河流生态系统的维持必须有一定的水量来支持，因此，河流污染物总量控制是河流环境需水的考虑因素，也是进行最小环境需水量分析的关键。参照生态环境需水计算的相关技术规范，本书在确定最小生态环境需水量时，采用改进的 7Q10 法，选取 1963—2012 年径流系列资料进行统计分析。同时，最大限度地考虑河流自净用水需求，对各断面近 10 年最枯月平均流量进行分析选取 7Q10 法和近 10 年最枯月平均流量法两种分析结果的较大值，作为典型断面的生态环境需水量指标，分析结果见表 4.10。

表 4.10　　　　　　　　　　　典型断面流量分析统计表　　　　　　　　　单位：m³/s

断面	改进的 7Q10 法					近 10 年最枯月平均流量	生态环境需水量
	1963—1972 年	1973—1982 年	1983—1992 年	1993—2002 年	2003—2012 年		
漯河断面	9.02	9.20	11.66	9.64	7.61	10.07	10.07
周口断面	3.14	1.80	2.60	1.74	11.34	3.97	11.34
界首断面	15.84	4.84	12.73	3.50	16.61	12.60	16.61
阜阳断面	4.61	2.97	3.89	1.89	15.21	5.38	15.21

4. 沙颍河生态需水量

根据以上对生态需水与环境需水的分析计算结果，分析沙颍河各典型断面的生态需水目标，同时考虑上下游的水力联系等因素，综合计算得到典型断面的最小生态需水量、最小环境需水量和河流生态需水量，见表 4.11。

表 4.11　　　　　典型断面水域需水量计算结果　　　　　单位：亿 m³

断面名称	最小生态需水量	最小环境需水量	河流生态需水量
漯河断面	2.54	2.91	8.01
周口断面	3.11	3.21	11.38
界首断面	3.15	4.45	15.01
阜阳断面	4.21	3.63	19.01

通过对沙颍河流域相关生态需水的计算成果进行综合对比分析可知，计算的生态需水量结果相对合理，所采用的计算方法考虑了河流生态系统的健康需求，并突出生态系统的用水优先顺序，在综合考虑人类各种用水需求的条件下，还需要进一步进行综合分析，开展生态需水的科学调控。

4.4　小结

河流生态需水具有时空变化性、水质水量一致性、动态性和目标性、不确定和阈值性以及整体性的特征。针对不同的研究目标，河流生态需水指标包括生态基流、生态水位和生态需水量。

河流生态需水量是河流健康的重要基础，健康的河流需要有一定的水量、水质和持续时间的水流及其年际、年内丰枯规律等似天然流模式。面向河流健康的生态需水量计算，可以从满足生态需求和最小生态需水量、适宜生态需水量，满足河流环境需求的最小环境需水量，以及防污、冲沙等需水量进行考虑，综合分析和确定河流的生态需水总量及其过程。

本书采用 Tennant 法初步分析河流的最小生态需水量，用水力半径法计算沙颍河典型河段的适宜生态流量，以鱼类繁殖生存需求作为参考，用 7Q10 法进行河流环境需水量的分析，并用月（年）保证率设定法验证了适宜生态流量计算结果的合理性，可以作为沙颍河生态需水管理和调控的参考。

第 5 章　闸控河流生态需水调控体系构建与模拟

5.1　生态需水调控与闸坝运行管理

5.1.1　复杂水资源系统与生态需水调控

　　水资源的时空分布与社会经济系统、生态系统对水资源需求的不一致性，是人类对水资源进行调控的内在动因（王浩，2006）。水资源管理实践中的"调控"是指通过一系列管理和技术措施来实现水资源的有效配置。在水资源合理配置实践中，人们逐步认识到水资源配置的客观基础，是"社会经济–资源–生态–环境"复杂系统中，各子系统在其发展运动过程中的相互依存与相互制约的定量关系，用水的竞争性是这种关系集中体现的一个方面。

　　在水资源系统中，对生态需水进行科学调控以满足生态保护等用水需求，必须基于对水资源条件的根本认识，以及从经济社会、工农业生产和生态保护的综合利用角度，统筹分配有限的水资源。水资源开发利用的多目标性，决定了在水资源配置中，不能仅考虑生态需水目标而忽视其他用水需求。生态需水调控需要综合考虑区域的水资源承载力，即特定的经济社会发展水平和稳定的生态环境质量状况下，区域可以利用的水资源量能够支撑人口、环境与经济协调发展的能力和限度。以可持续发展为基本原则，对有限的、不同形式的水资源进行科学分配。基于可持续发展和人水和谐等新时期的治水理念，为解决水资源有限条件下的经济社会发展用水和生态用水之间的矛盾，需要考虑经济发展与水资源、环境之间的相互关系，制定合理的水资源配置方案和可行的水资源调度措施，实现经济效益、社会效益和生态效益的最大化。

　　根据国内外开展生态需水调控的相关实践经验，进行生态需水调控的基本问题和关键问题是对生态需求的合理确定，具体内容包含了水量、水质以及不同阶段数量上的变化需求。当前的生态需水调控实践，能够在多数情况下满足最小生态需水量的需求，以及河流在一定时期基本的流态要求，但对河流生态系统状况有重要影响的流量脉冲保障方面，还有待进一步深入研究。受经济社会发展各产业用水需求的约束，生态需水调控的主要途径是以水利工程为手段开展兴利调度，对有限的水资源总量按照确定的不同用水优先级别进行综合调度。在水资源总量有限的条件下，如何优化水资源的分配，对于河流生态系统服务功能的发挥有重要影响，在河流生态需水调控实施过程中需要进一步协调解决。

针对复杂水资源系统的生态用水需求，廖四辉等（2011）在淮河流域层面开展的生态需水研究中，提出了多层次生态用水调度分析框架，从宏观侧面提出了经济水资源配置模型，基于社会经济需水提出了中观层面的生态用水调度模型，从宏观层面提出了闸坝调度的水量水质模型，见图5.1。其中，调度模型的目标之一就是要保障河道内的生态需水量。

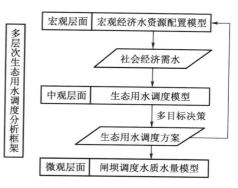

图 5.1 多层次生态用水调度
分析框架（廖四辉，等，2011）

宏观经济水资源配置模型将社会经济、生态和水资源这些相互联系、相互制约及相互影响的子系统综合集成为一个整体系统，通过分析各行业需水同经济增长和水环境保护之间的关系，可为生态用水调度提供河道外需水数据，以及分析不同调度方案对宏观经济的影响；生态用水调度模型基于流域水资源供需水平衡，以河道各断面生态流量为目标，根据宏观经济水资源配置模型输出的生产、生活和河道外生态需水指标，进行水库闸坝的联合优化调度分析，寻找满足生态用水要求及社会经济用水的合理调度方案；闸坝调度水量水质模型是集洪水演进、水量调度、水质模拟于一体的数值模拟模型，可进一步模拟推荐的生态用水调度方案对水污染事故的影响。

上述3个模型共同构成多层次生态用水调度分析框架，生态用水调度模型是考虑了河道内生态需求的水资源调度模型，满足河道内生态需水量是调度模型的目标之一。本书基于该框架理论体系，结合多闸坝河流的生态需水特征，进行闸控河流生态需水调度分析，研究在经济社会用水和生态用水竞争条件下，协调闸控河流生态用水和经济社会用水矛盾的途径。

在本书中参照和基于该框架理论体系，结合多闸坝河流的生态需水特征，进行闸控河流生态需水调度分析，研究在经济社会用水和生态用水竞争条件下，协调闸控河流生态用水和经济社会用水矛盾的途径。

5.1.2 生态需水调控与闸坝生态调度

从水资源管理的角度，生态需水调控是一项涵盖基础研究、技术应用、综合管理等方面的系统性工作，具体到河流生态需水方面，其核心工作就是利用闸坝等水利工程设施开展生态调度，其明显的特征就是将生态因素纳入到现行

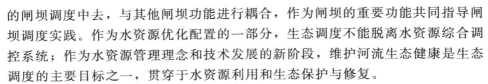

的闸坝调度中去，与其他闸坝功能进行耦合，作为闸坝的重要功能共同指导闸坝调度实践。作为水资源优化配置的一部分，生态调度不能脱离水资源综合调控系统；作为水资源管理理念和技术发展的新阶段，维护河流生态健康是生态调度的主要目标之一，贯穿于水资源利用和生态保护与修复。

根据闸坝生态调度对河流水力条件及水生态系统的作用范围，可分将闸坝生态调度分为坝库区生态调度、面向闸坝下游区域的生态调度；前者的作用主要是针对闸坝上游形成的库区，通过水库泄放实现闸坝库区水环境的稳定；后者则主要是通过闸坝运行方式的优化调整，形成特定的下泄流量过程，对下游河道的水生态系统产生影响，保障某一生态目标的同时，尽量满足经济社会用水需求。结合水利工程调度的存在类型和调度实践，依据闸坝生态调度的对象和目标，生态调度的具体内容涉及生态需水调度、水文情势调度、水污染防治调度、泥沙调度、生态因子调度、水系连通性调度等（崔国韬，等，2011）。

（1）生态需水调度。生态需水调度主要基于某一生态环境功能状况或目标下的水资源量需求，进行水量的调节，包括提供水生生物赖以生存的生态水量、维持河流一定自净能力的水量、提供河流输沙能力的水量、防止河流断流的水量等。

（2）水文情势调度。水文情势调度是通过闸坝的调节，使下泄流量最大限度地与天然状态的水文情势相接近。自然水文情势被认为是保持河流水生态系统健康的理想状态，在河流生态修复中，水文情势调度对水生态的恢复具有重要影响。

（3）水污染防治调度。水污染防治调度的目标通常包括防止水库水体富营养化与水华的发生，以及对河流突发性水污染事故进行处理。在闸控河流调度实践中，可以在一定时段内加大水库下泄量，改善水流条件以达到防止水体富营养化的目的。针对突发性水污染事故，可通过水量的调配冲释降解污染物浓度以减少危害。

（4）泥沙调度。可通过泥沙调度对河流、水库的淤积状况进行调节，以保持一定的河势稳定，维持河流的水沙平衡，延长水库使用年限等。如黄河流域开展的"调水调沙"有效解决了水库淤积、下游河床抬高问题。

（5）生态因子调度。生态因子调度主要是采取调度措施与工程措施相结合的方法，对生态因子如流量、流速、水温、营养成分等进行调节，从而实现特定的生态目标。例如，根据水库水温垂直分布结构，结合取水用途和下游河段水生生物的生物学特性，运用闸坝孔口以降低温度分层对鱼类的影响。

（6）水系连通性调度。水库和闸坝的建立，阻隔了河流连通，降低了河湖水系的连通性，从而带来一系列问题。近年来，随着河湖水系连通相关研究的开展，人们开始关注进行水系连通性调度，修复河流与湖泊的连通性、干流与支流的连通性，缓解水工建筑物对支流的分割以及对河流湖泊的阻隔作用，解决由于水系连通受阻而引发的生态问题。

5.1.3 闸控河流生态需水调控体系构建

由于复杂水资源系统中的各类用水户存在各自的用水需求，生态需水调控体系的构建需要综合考虑各供水单元同用水单元之间的关系。供水方面，综合考虑地表水、地下水的现状及转化关系，以及河流、闸坝等水利设施运行情况；用水方面，统计分析各行业用水指标、用水效率，以及节水潜力等，全面了解水资源开发及利用的基本情况。在此基础上，针对河流生态需水，设置生态控制断面，确定生态需水调控的目标，综合水资源系统的各个要素，设置不同情境方案下的经济社会需水和生态需水方案组合，拟定工程条件组合和调度规则，进行生态用水调度分析，确定生态用水调度方案，并提出生态用水的保障措施和政策建议。

构建闸控河流生态需水调控体系的主要工作包括以下几个环节。

1. 辨析闸坝运行的生态水文效应

针对不同类型的闸坝和调度方式，科学辨析其对水文、水环境和水生态影响的范围与程度，才能有针对性地进行河流生态目标的确定。由于闸坝引起的生态水文效应具有动态性和变异性、系统性和两面性以及滞后性和累积性等多种特征，需要加强闸坝运行后河流生态系统状况的全面监测，深入开展闸坝生态水文效应机理分析。

闸坝的水文效应主要包括闸坝对河流流量、流速、洪峰以及所影响范围内的蒸发、下渗等水文要素的影响，其中在径流方面，闸坝的存在使汛期洪峰值有所下降，延缓了峰现时间，枯水期则相对增大径流，保证了下游的生产生活用水。在流速方面，闸坝的存在会使水位、流量等有直接、明显的变化，如蓄水时则闸前水位抬高、流速降低，闸下则水位下降，而放水时则闸上水位降低，闸下水位抬高、流速增大，并且这种变化随着闸门的开启而迅速变化。

闸坝的水环境效应则主要表现在由于闸坝的存在而导致河道天然径流状态的改变，进而导致河流污染负荷迁移转化及时空分布有所改变。如闸坝对河流水温、pH 值、泥沙输移、水质过程和水体纳污能力等的影响。以河流水质为例，闸坝的水环境效应主要表现在：水库蓄水后，闸前水位升高，流速减慢，有利于悬浮物沉降，同时水动力条件的改变也使得水体自净能力减弱；受闸门开启的影响，尤其是闸坝下游某河段的水质浓度在时间上有较大改变；而空间上则由于闸坝的拦蓄以及集中泄水，使污染物负荷容易不断蓄积又集中下泄，极易形成水污染事故。

2. 分析确定生态调度的目标

闸坝生态调度的目标主要是河流生态保护和生态修复，同经济社会发展的水平和河流管理的技术应用程度有关，具有明显的阶段性特征。闸坝运行涉及多部门、多行业利益相关方，影响水生生物、水质、泥沙、生境等生态目标。需要针对设定的生态保护或修复目标，进行多学科的交叉研究，提出生态调度的需求。

3. 生态调度方案设计

由于河流水质与水量关系密切，故闸坝生态调度的目标和主要内容可从水质、水量两方面加以表征。一是闸坝所拦蓄的可调度水量，主要是指闸前蓄水和上游来水，即在某一瞬间，闸坝闸前水位是一定的，此时必有一个闸前所拦蓄的水量，考虑到闸坝同时承担的其他供水用途，可得到闸坝可用于调度的水位下限，结合闸坝的库容曲线，根据实际水位和可调度水位下限求得此时闸前可用于调度的水量。由于闸坝调度需要一定的时间，而期间的上游来水量同样可作为闸坝的可调度水量。基于此，用于表征闸坝所拦蓄的可调度水量主要包括闸前水位、可调度水位下限和调度期间上游平均来水流量 3 个具体指标值。二是水质指标，闸坝调控主要是利用闸坝可调度的水量对目标河段的水质进行改善，因此，闸坝可调度水量的水质直接影响调控能力的大小。同时，针对一定的目标河段和可调度水量水质，设定的水质目标也影响闸坝调控能力的大小，因此，水质指标具体包含 3 部分，闸前蓄水的水质、上游来水的水质以及所要达到的目标水质。

闸坝调控能力是指通过闸坝调度，利用闸坝蓄水及调度期间上游来水的某水质浓度与目标河段水质浓度之差，对目标河段水体水质进行改善的能力。闸坝的存在，对河流径流状态产生了较大的影响，同时也改变了原有的河流水质状况。进行闸坝调控能力分析的首要目标是衡量闸坝对河流水质的影响，即闸坝对河流水质的调控能力，其落脚点是闸坝调控对河流水质影响作用的描述，也即调控能力的量纲应和水质的量纲相同或有联系。闸坝针对水质影响作用的基础仍是闸坝的水文效应，即以闸坝对河流径流状态、对水位及流量的影响为基础，从调控能力的角度出发，闸坝调控能力是基于闸坝所能调度的水量而言，该部分水量主要包括闸前蓄水量、上游来水量、库区降水量、地下水补给量或库区渗漏量等，实际上，库区降水最终会较直接地反映在闸前蓄水、上游来水的变化中，而地下水补给或库区渗漏等都发生得极为缓慢，在一般意义的闸坝调度过程中，可以忽略而不予考虑。闸坝的运行会对河流水质造成连续的影响，在讨论闸坝调控能力时，不能只探求闸坝对河流水质影响的最终结果，还要考虑闸坝发挥作用所消耗的时间，即闸坝调控能力的大小是一个随着调度时间不同而有所变化的值，这本质上是考虑了不同调度时间内，上游来水、库区降水等对闸坝所能调度的水量的改变量。

4. 生态调度的可行性分析

闸控河流的特征是具有较多的闸坝，对河流水量的综合调控能力较强，同时具有多闸坝联合调度的优势与特点。不同闸坝运行所承担的任务不一，如分别或综合满足灌溉、供水、航运等用水需求。因此，闸控河流的生态调度需要在设定生态保护目标的基础上，综合考虑经济社会用水需求，从用水的优先级、水量可综合利用的可能性等方面，把生态调度纳入到闸坝的调控中，通过构建多目标优化模型，进行方案优选，保证生态调度方案的可行性和合理性。

闸坝生态需水调控是对水量的分配过程，各用水部门如灌溉、供水、发电等用水效益不一，将调度模拟和闸坝运行的实际情况相结合，从经济效益、社会效益和环境效益等方面，分析调度方案的经济可行性，为协调和保障生态调度的顺利实施提供依据。

5. 生态调度实施效果监测反馈

受多种因素影响，生态调度的效果存在诸多不确定性。随着调度实践的不断开展，越来越多的经验可以被总结与利用。受现阶段认知水平的限制，难以完全掌握河流生态系统的演变机理，需要通过长期的理论研究、技术应用和后期监测评估，来提高对河流生态系统的认识，不断完善和发展生态系统改善与修复技术，使生态调度趋于科学与合理。

5.2 闸控河流生态需水调控模型体系

5.2.1 闸控河流生态需水的调控目标

在生态需水调控体系中，合理的调控目标是调控措施能够有效的基础。由于河流特性的差异，以及不同闸坝工程的运行特点，需要因地、因时制宜，分析确定生态因子的变化及发展状况，制定具有针对性的管理目标。开展闸控河流的生态需水调控，首先需要明确相应的目标。目前，国内外所广泛采用的河流生态目标主要为生态基流、生态水量、生态关键物种、河流生态系统健康指标等。在河流管理中，生态需水量与河流流量变化特征高度相关，因此，河流生态目标多采用流量来表征。

从国内外生态调度研究来看，生态调度目标从单一物种或种群的生态目标逐步向河流生态系统完整性修复方向发展，初期以指示性鱼类为目标，以后考虑了保证最小生态流量和保护水质，继而考虑水文、水温、泥沙、水生生物等多种因素。近年则强调将保护生物多样性和修复河流生态系统完整性作为生态调度目标。河流生态调度的关键是维护河流与生态有关的特性，实现河流健康

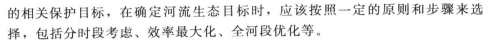

的相关保护目标，在确定河流生态目标时，应该按照一定的原则和步骤来选择，包括分时段考虑、效率最大化、全河段优化等。

根据河流生态系统同生态需水的联系，河流生态目标需要通过生态需水来进行保障，是河流生态需水目标的集中体现。在研究和应用中，根据研究目标的不同界定，河流生态需水目标又分为流量目标和结构目标。

（1）生态需水的流量目标。通常生态目标都是针对河流的某一种管理要求而确定的，如关键物种目标、栖息地维护目标、最低流量目标、汛期冲沙目标等。开展的生态需水研究也是针对这些目标而进行的。然而，河流生态水文系统的结构和功能是由水文、生物、地形、水质几部分共同组成的，对每一部分单独的管理，通常不是有效的，因为河流生态系统的每一组成部分是连续的而且相互作用于其他组成部分。因此，必须将多个生态目标耦合在一起。对生态需水而言，则要求一个完善的生态径流过程，能够涵盖绝大多数生态目标，使生态径流过程对河流生态水文系统的健康有较强的表征能力。对于某一河段，涉及不同功能的生态需水，在耦合时必须依据不同生态目标的优先顺序，对生态需水进行有机整合，充分发挥水资源利用效率，并组合不同河段生态需水的相关临界值，最终形成一个合理的生态径流过程。

（2）生态需水的结构目标。当前河流生态目标大多采用基于经验或半经验公式，从水文、水质统计资料得出的生态环境需水量，或者用最小或最适宜两条直线来说明生态系统的要求，而很少考虑流量的历时、频率及变化率对河流生态水文系统的影响。天然河流的历时、频率、变化率等与河流的流量一样，是生态系统所需的关键性因素，很多生物对这种结构化的水文因子具有极高的依赖性。因此，研究生态径流过程也必须考虑其水流的结构性指标。国内外关于河流生态目标结构化的研究较多，具有代表性是 Richter 等人提出的水文改变指标，通过这个指标体系，可以很好地表征河流生物对各种不同的水流需要，由于其更贴近于天然的水流状态，更能表征河流生态水文系统的健康状况，对河流健康的恢复也更有益处。

对于生态需水调控目标的设置，鉴于河流生态系统发展阶段的不同，可设置不同层次与不同阶段的管理目标：在生态环境本底条件良好的情况下设置高水平目标，实现自然生态系统的良好保护、社会与自然环境的和谐发展；在生态环境本底条件一般的情况下设置中水平目标，生态系统得到良好的保护，与自然保育过程相适应，物种能够自由的繁衍生息，并力求在水库工程生态适应性管理的过程中达到高水平目标；在生态环境本底条件非常恶劣、水资源非常稀缺的情况下，设置低水平目标，实现保护物种的安全、敏感生态区域的最低维持，同时通过适应性管理进程达到中水平甚至是高水平目标。

5.2.2 闸控河流生态需水调控准则

确定闸控河流生态需水调控准则的核心是将河流生态系统保护目标引入到闸坝调度中，使闸坝现有的功能得到丰富与完善。

（1）近自然的水流情势恢复准则。自然水文情势作为河流生态系统演变的驱动力，保持其自然的动态变化对于维护河流生态系统完整性具有决定作用。描述流量过程以及特定的流量事件（洪水、干旱等）可以用"自然水流情势"来表征。理论上，恢复河流的自然水流情势是恢复河流生态完整性的根本手段。但由于人类社会的发展深刻地改变了河流生态系统的结构，完全恢复河流自然水流情势已经不可能，只能在充分了解河流水流情势与河流生态响应关系的基础上，在权衡社会经济可承受程度的基础上，尽可能地保留对河流生态系统影响重大的流量组分，来最大限度地塑造近自然的水流情势，尽可能地恢复河流的生态完整性。

（2）因地、因时制宜的准则。生态调度目标设置须因时、因地而异。针对闸坝调度，供水维持调度主要考虑闸坝不同的供水情况，根据闸坝所承担的各种不同供水任务以及重要程度来调整可调度水位下限；防洪调度考虑汛期闸坝需要留出一定的库容以保证闸坝的安全，可对可调度水位下限进行适当降低；对于重大突发性水污染事件开展的防污调度，由于污染物浓度过高，需要向下游进行小流量的排放或者直接进行人工抽水处理以减轻闸坝上游的压力，此时对应于调控能力计算中，应对污染物质量进行调整。

针对汛期和非汛期，也需要结合河流实际情况，进行调控准则的确定。防洪调度是闸坝在汛期的运行调度方式，主要目的是拦蓄洪水，减小下游的洪灾损失，改善水资源时间分配，满足枯季用水的需要，但会导致洪水对河流生态中部分天然功能丧失。因此，汛期防洪与生态联合调度的核心在于在防洪和生态保护间寻找平衡点。汛期大洪水由于具有不可控性，因此合理控制风险，把握好利用时机，在防洪安全和生态环境保护之间找到平衡点。通常在大洪水洪峰来临前，其他调度要服从于防洪调度，防洪调度目标优于生态调度目标。当进入退水阶段，防洪风险开始处于可控状态，可以考虑利用闸坝下泄流量进行调度。在确保防洪安全前提下，控制下泄流量，对洪水过程加以调蓄，延缓流量下泄，达到洪水冲污、控制水体富营养化目的。非汛期要改善河流健康状况，应以改善河道内水文及水质条件为调度目标，同时考虑到河流生态系统对河流水量要求最低，因此调度目标首先是维持河流一定规模，保证河道不断流的水量调度。该时期的调度目标定位为改善水环境状况，维持河流自净稀释流量，提高水体水环境容量的水质调度。在非汛期或枯水年份，闸坝生态调度应保证水库下游维持河道基本功能需水量，避免下游河道出现小于最小生态径流量而严重干扰河流生态系统。对于闸坝群实施水污染防治的调度运用，一方面保证社会经济用水需求，另一方面兼顾污染防治的目标，通过调整闸坝的调度运行方式，恢复、增强水系的连通性，缓解闸坝工程对于干支流的分割阻隔作用。

5.2.3　考虑生态需水的优化调度模型

现有的闸坝优化调度模型中，对于生态环境流量需求的分析和处理主要有3 种形式：①把生态环境流量作为约束条件，在优化模型的求解中作为满足条件之一；②把生态环境流量作为优化模型的目标函数之一；③在构建的价值目标模型中分析生态环境流量的经济效益。对应的优化调度模型分别为条件约束型生态调度模型、目标型生态调度模型和价值型生态调度模型。

（1）条件约束型生态调度模型。将生态需水流量作为约束条件，作为河流生态环境需水需要保障的条件，依据不同层级的生态保护目标，模型可以进一步划分为最小生态环境流量约束型模型（梅亚东，等，2009）、目标物种适宜生态环境流量约束型模型（康玲，等，2010），以及综合生态环境流量约束型模型（胡和平，等，2008）。模型可以描述为如下结构：

目标函数：

$$Max(or\ Min)\{F_1(X), F_2(X), \cdots, F_n(X), E(X)\} \tag{5.1}$$

约束条件：

$$a_{min} \leqslant Constraint(X) \leqslant a_{max} \tag{5.2}$$

$$Q_t + S_t \geqslant CEF(t) \tag{5.3}$$

式中：X 为闸坝下泄流量；$F_n(X)$ 为第 n 个社会效益或经济效益目标，包括取水量最小、发电量最大等；$E(X)$ 为生态流量目标；$Constraint(X)$ 为系统约束条件集，其中 a_{min} 和 a_{max} 分别为约束条件的上、下限值，并要求正常下泄流量 Q_t 和考虑生态的下泄流量 S_t 满足生态环境流量目标值 $CEF(t)$。

（2）目标型生态调度模型。将生态环境需水作为调度模型的目标之一，在水量分配过程中给予一定的优先保障。模型通常为以下结构：

目标函数：

$$Max(or\ Min)\{F_1(X), F_2(X), \cdots, F_n(X), E(X)\} \tag{5.4}$$

约束条件：

$$a_{min} \leqslant Constraint(X) \leqslant a_{max} \tag{5.5}$$

式中符号意义同前。

（3）价值型生态调度模型。对生态环境流量的生态服务价值进行分析，进行效益成本的计算，以生态调度的综合效益最大化为目标，通常具有如下结构：

目标函数：

$$\text{Max}\{\text{Economic}(X)\} \tag{5.6}$$

约束条件：

$$a_{\min} \leqslant \text{Constraint}(X) \leqslant a_{\max} \tag{5.7}$$

式中：$\text{Economic}(X)$ 为调度目标的经济函数；其他符号意义同前。

以上常见的 3 种模型中，条件约束型生态调度模型将多目标优化问题变为单目标优化问题，求解应用较为简便；目标型生态调度模型符合多目标优化调度问题，需要综合考虑不同的方案优劣；价值型生态调度模型在价值确定方面的差异比较大。面向河流健康的生态需水分析中，需要得到似天然水流模式的生态需水过程，这和供水、发电等兴利用水需求之间存在着一定的矛盾，因此需要建立兼顾闸坝兴利要求，同时可保障河流生态环境要求的多目标闸坝调度模型。

本书按照目标型需水调控模型的思路，将生态需水目标加入到人类社会需水目标中，对生态需水的确定原则是：按照维持下泄径流尽可能贴近于天然径流序列，并能提供一定数量的可被人类利用的可靠水量。

5.2.4　基于水文情势需求的闸坝生态调度模型

河流生态需水调控的目的是通过闸坝等工程措施，有效控制水流下泄的状态，保持良好的河流生态与水文联系，维持河流生态系统的健康。河流生态系统的需水过程，同经济社会发展的行业用水特性存在非一致性，尽管两者的本质都是对水量的调配，但生态系统的需水过程具有明确的近自然特征，兴利需水主要表现为丰水和枯水的时空调整，两者之间存在联系的同时具有一定的用水竞争。

根据兴利目标和生态目标对水流条件的不同要求，分别从闸控河流的水量分配和河道天然水流模式模拟两个方面设立目标函数，同时考虑兴利要求和生态环境要求，建立多目标闸坝调度模型。河流的生态环境要求以水生态系统健康为目标，构建的生态调度模型基于水文情势需求，通过水文情势的变化指标来进行优化分析。

（1）目标函数。

1）水量分配目标。

$$Z_{\max} = \sum_{i=1}^{N} \omega_i f_i \tag{5.8}$$

式中：f_i 为与水量分配有关的子目标，一般考虑各种兴利目标，如供水、发电、调水等，同时要特别考虑生态需水要求；ω_i 为各子目标的权重。

2）天然水流模式目标。天然水流模式可以通过表征各种水文情势的水文指标来综合反映，参照 Richter 提出的 IHA 指标体系，根据 RVA 的分析原理，通过控制较高改变度的水文指标值，可作为生态调度流量调节的依据。由于 IHA 指标体系的指标数量较多，在闸坝调度中对指标全部进行考虑是难以实现的，因此，需要筛选主要水文指标来进行分析。

天然水流模式目标为

$$\text{Max}E_{\text{eco}} = \sum_{i=1}^{N} \omega_i \eta(i) \tag{5.9}$$

式中：$\eta(i)$ 为天然水流模式目标中各水文指标的隶属度函数；ω_i 为各水文指标的权重。$\eta(i)$ 可用式（5.10）计算（Suen，等，2006）：

$$\eta(i) = \exp\left[\frac{-(R_i - \overline{\alpha_i})^2}{2\sigma_i^2}\right] \tag{5.10}$$

式中：$\eta(i)$ 为水文指标 R_i 的隶属函数；$\overline{\alpha_i}$ 为各指标建坝前的多年平均值，代表天然水流模式；σ_i 为各指标建坝前的标准差。

（2）约束条件。

1）闸坝水量平衡约束。

$$V_{i,t+1} = V_{i,t} - (Q_{i,t} - q_{i,t})\Delta t \tag{5.11}$$

式中：$V_{i,t+1}$、$V_{i,t}$ 分别为第 i 个闸坝第 t 时段末、初的蓄水量；$Q_{i,t}$、$q_{i,t}$ 分别为第 i 个闸坝第 t 时段的平均出流量和平均入流量。

2）闸坝蓄水量（库容）约束。

$$V_{i,t}^L \leqslant V_{i,t} \leqslant V_{i,t}^U \tag{5.12}$$

式中：$V_{i,t}$ 为第 i 个闸坝第 t 时段的蓄水量；$V_{i,t}^L$ 和 $V_{i,t}^U$ 分别为第 i 个闸坝第 t 时段允许的最小蓄水量和最大蓄水量。

3）闸坝泄流量约束。

$$Q_{i,t}^L \leqslant Q_{i,t} \leqslant Q_{i,t}^U \tag{5.13}$$

式中：$Q_{i,t}^L$ 和 $Q_{i,t}^U$ 分别为第 i 个闸坝第 t 时段允许的泄流量的下限和上限。

4）其他约束。水电站出力约束、非负约束等。

（3）模型求解方法。基于水文情势需求的闸坝调度模型涉及人类需求目标和生态需求目标两项，在多目标问题的处理上，可以选加权组合的方式，耦合成一个目标来求解。采用模拟优化法，首先预设一个或多个闸坝调度规则，按照预设的规则进行长系列调度调算，对拟定的整个闸坝调度期的调度情况进行分析和统计，在此基础上，通过优化技术对预设的调度规则进行反复调整，从而可以得到最优调度规则。

5.3　沙颍河流域典型闸坝生态调度模拟分析

5.3.1　典型闸坝模型建立

以沙颍河干流的控制性工程槐店闸为研究对象，全面考虑槐店闸的社会经济兴利用水要求，兴利目标包括槐店闸下河道外社会经济用水、闸坝上游区域内的调水和发电效益。对于天然水流模式目标的分析，以槐店闸下游界首水文断面的水流模式变化为控制点。

通过对界首水文站的 IHA 指标进行计算，并进行 RVA 分析，得出改变度最高的 6 个水文指标：低流量出现次数（0.54）、最小流量出现时间（0.46）、9 月平均流量（0.46）、高流量出现次数（0.42）、流量平均减少率（0.38）、4 月平均流量（0.38），以此为依据可建立天然水流模式目标函数。根据用水模式，建立槐店闸兼顾兴利目标和天然水流模式目标的多目标水库优化调度模型。

（1）水量分配模式。

$$\text{Max}E_{\text{human}} = \sum_{i=1}^{4} \omega_i \frac{k_x W_x}{W_y} \tag{5.14}$$

式中：E_{human} 为水量分配模式的用水函数，考虑库区调水、闸下生态需水、灌溉、发电 4 个子目标；ω_i 为各个兴利子目标的权重；k_x 为水量分配目标各个用水子目标的保证率；W_x 为各子目标平均用水量；W_y 为各子目标年规划需水总量。

（2）天然水流模式。

$$\text{Max}E_{\text{eco}} = \sum_{j=1}^{6} \mu_i \exp\left[\frac{-(R_i - \overline{\alpha_i})^2}{2\sigma_i^2}\right] \tag{5.15}$$

式中：E_{eco} 为天然水流模式的目标函数，为 6 个高改变度水文指标隶属函数的加权和；μ_i 为各个水文指标的权重，均设为 $1/6$；R_i 为闸坝运行后各水文指标的均值；$\overline{\alpha_i}$ 为建坝前各水文指标的均值；σ_i 为建坝前各水文指标的标准差。

根据界首断面 1956—2012 年的径流资料，以槐店闸的运行时间 1975 年为界，计算建闸前（1956—1975 年）6 个高度变化水文指标的参数值，见表 5.1。

表 5.1　　　　　　　各 水 文 指 标 参 数 值

统 计 参 数		低流量次数/次	最小流量出现时间/d	9 月平均流量 /(m³/s)	高流量出现次数/次	流量平均减少率/%	4 月平均流量 /(m³/s)
建坝前	均值	7.1	78.9	180.5	2.7	−25	96
	标准差	8.2	17.2	203.9	2.3	14	186
天然水流模式变化范围	上界	1.2	32	74	0.4	−11	25
	下界	15.3	158	384	5	−40	283

约束条件集合包括：①闸坝上游水量平衡方程；②闸坝水位限制；③闸坝下泄流量限制；④电站出力限制（槐店闸新建电站设计引水流量 130m³/s，总

装机容量 60kW）等。

5.3.2　调度规则分析

以槐店闸（坝上蓄水河段）为调度对象，以槐店闸以下河段为研究对象，以界首水文断面为控制性测站。根据第 4 章生态需水和生态水文特征的分析，槐店闸以下河段的生态环境保护目标设定为：①保证界首水文断面河道不断流，维持一定的河道生态流量；②保证槐店—界首河段及其以下断面水质为Ⅲ类以上标准；③保障最小生态需水，在基本满足社会经济用水后，通过调度使河道流量尽可能地接近适宜流量；④槐店闸在汛期维持必要的应急防污水量。

根据以上分析，结合沙颍河闸坝运行情况，考虑沙颍河丰水期、平水期和枯水期不同阶段闸坝调度的不同要求，分时期制定生态调度准则。

针对槐店闸逐日径流资料计算入库流量，考虑闸坝水量损失，以水位库容曲线为依据，以闸坝的正常蓄水位和最低运用水位为控制指标，基于水量平衡分析，制定出各种情景的泄流方案。

5.3.3　调度模拟与分析

根据槐店闸上游来水入库流量资料，对 1976—2012 年的闸坝运行进行调度演算。分别选取"水量分配目标最大""水流模式目标最大"两种情形，进行调度模拟计算，得到两种不同情形下在计算时段（1976—2012 年）内的关键水文改变指标的隶属度值。

考虑生态需水的"水流模式目标最大"情形，通过调度，比经济社会用水优先的"水量分配目标最大"情形有了比较大的改善，6 个指标的改善率分别为 12.6%、1.8%、6.3%、2.8%、18.1% 和 27.7%（表 5.2）。

表 5.2　　2 个目标分别最优时的水流模式对比

水文改变指标	隶　属　度		改善率/%
	水量分配目标最大	水流模式目标最大	
低流量出现次数	0.6031	0.6792	12.6
最小流量出现时间	0.5801	0.5908	1.8
9 月平均流量	0.5112	0.5436	6.3
高流量出现次数	0.6823	0.7012	2.8
流量平均减少率	0.3215	0.3798	18.1
4 月平均流量	0.4168	0.5324	27.7

随着天然水流模式目标值的提高，水文指标中的隶属函数值增加，表明河流考虑生态要求时的流量过程同不考虑相比得到了改善。各个水文指标改善程

度不同，对低流量出现次数、流量平均减少率和 4 月平均流量的改变率较大，表明考虑生态调度后，出流过程可以较好地满足水生态系统对低流量事件的量级要求。最小流量出现时间和高流量出现次数的改善不明显，主要是两种模式均对下泄流量的极值过程有较大的影响。

对比分析天然水流模式目标下的 1972—2012 年月均流量过程，见表 5.3。可以看出，生态调度后的下泄流量均要高于实际闸坝调度下的流量值，表明当前的闸坝运行方式，还不能达到河道下游的生态系统恢复和保护目标所需要的流量过程。需要进一步地协调经济社会用水和生态用水之间的矛盾，提高河流生态需水保障程度。

表 5.3　　天然水流模式目标下 1972—2012 年月均流量对比分析

月　　份	月均流量/(m³/s)		改善率/%
	实际流量	生态调度后流量	
1 月	30.18	39.07	29.50
2 月	30.80	33.54	8.90
3 月	41.50	43.75	5.42
4 月	37.06	96.92	162.00
5 月	57.67	100.50	74.30
6 月	71.81	105.20	46.50
7 月	229.70	326.50	42.10
8 月	219.40	334.40	52.40
9 月	163.10	180.50	10.70
10 月	117.10	137.70	17.60
11 月	68.00	85.18	25.30
12 月	47.27	50.80	7.47

通过对槐店闸生态需水模拟调控的结果分析可以看出，考虑河流天然水文情势要求的调度模型，可以明显地对水文改变度指标产生影响。在具体闸坝生态调度实践中，可以基于水文情势变化分析开展生态调度方案分析，协调经济社会用水和生态用水，保障水资源利用效益的同时，有利于提高闸坝对河流生态环境的保护和修复能力。

5.4　小结

复杂水资源系统条件下，可以针对生态需水要求开展多层次生态用水调控，基于流域水资源供需水平衡，以河道各断面生态流量为目标，进行闸坝的联合优化调度分析，寻找满足生态用水要求及社会经济用水的合理调度方案。

　　针对闸控河流经济社会用水和河流生态需水状况，根据两种目标对水流的不同利用规则，分别从闸坝的水量分配和下游河道天然水流模式模拟两个方面设立目标函数，建立了兼顾人类兴利要求和河流生态环境要求的多目标水库调度模型。

　　考虑不同需水目标和调控过程的闸坝调度，不同的调度规则影响调度目标的生成。水文改变度指标可以作为闸坝生态调度的优化目标，考虑河流天然水文情势要求的调度模型，可以明显地对水文改变度指标产生影响。

第6章 河流生态需水调控管理及保障体系研究

现阶段，以水资源短缺与生态环境问题突出为主要特征的中国水问题的复杂性和解决难度，决定了我国水资源管理工作的长期性和艰巨性，以及持续开展水环境治理的重要性和必要性。与经济社会发展要求和各方面需求相比，目前，我国的水安全保障能力还存在不少差距，推进供给侧结构性改革，需要补齐水利这个短板。随着经济社会快速发展和气候变化影响加剧，在水资源时空分布不均、水旱灾害频发等老问题仍未根本解决的同时，水资源短缺、水生态损害、水环境污染等新问题更加凸显，新老水问题相互交织。防汛抗旱仍面临严峻挑战的同时，部分地区水资源过度开发，生态用水被严重挤占，水生态环境恶化趋势尚未得到根本扭转。最严格水资源管理制度有待进一步落实，水资源要素对转变经济发展方式的倒逼机制尚未形成。河湖管理、水利工程管理、洪涝干旱风险管理亟待加强。

水利改革发展相关规划中，明确提出科学确定重要江河湖泊生态流量和生态水位，将生态用水纳入流域水资源统一配置和管理，协调好上下游、干支流关系，深化河湖水系连通运行管理和优化调度，合理安排重要断面下泄水量，维持重要河湖、湿地及河口基本生态需水量，重点保障枯水期生态基流。为保障社会经济与生态环境的共同和谐发展，在河流水资源的开发利用和管理中，需要在优先保证防洪安全及生活用水的前提下，通过科学的需水调控管理和必要的工程措施进行水资源的合理配置，不断提高生态用水的保证程度，维护和推动河流健康发展和水资源可持续利用。

6.1 河流生态需水管理体系构建

6.1.1 河流适应性管理理论

流域水资源系统中的社会、环境、资源是共生的复合体系，其空间结构比较复杂，各要素之间的联系和相互影响紧密，具有开放性、动态性等多种特征，其相关特性使得在流域水资源管理中，水资源的开发利用及其影响存在诸多的不确定因素，表现在管理目标的不确定性、管理行为的不确定性和管理工程的不确定性。人类经济社会活动对流域水资源系统产生的干扰是社会过程、经济过程与自然过程交织作用的集中体现（金帅，等，2010），流域水资源管理的目标之一在于维持和修复生态系统的修复力，即关键生态系统结构和过程对自然和人类社会干扰的持续性和适应性（孙东亚，等，2007）。

适应性管理的概念起源于人们对于河流水资源管理中所存在不确定性问题的认知，包括河流生态系统本身的不确定性，以及人类活动与自然生态之间相互作用的不确定性。在水资源领域，相对于传统的管理，适应性管理是针对不断变化环境下的水管理需求，在发展的过程中，结合实际不断调整相关的管理规划和战略来应对和适应不确定性问题的影响。夏军等（2014）研究指出，变化环境下的水资源适应性管理，是对已实施的水资源规划和水管理战略的产出所采取的一种不断学习与调整的系统过程，其目标是改善水资源管理的政策与提高实践，开展适应性管理的目的在于增强水系统的适应能力与完善管理政策，减少环境变化导致的水资源脆弱性，实现社会经济可持续发展与水资源可持续利用。

在河流水资源开发利用和生态环境保护与修复实践中，开展流域水资源适应性管理具有重要的意义。河流适应性管理的目的是保障水资源系统的健康以及水资源的可持续利用，在管理工作中，围绕流域水资源管理中的不确定性现象，在工程建设规划、运行维护等一系列管理工作中，采取有效的措施，保障流域水资源系统的稳定，促进水资源利用与社会、经济系统的协调发展。流域水资源适应性管理体系结构框架见图 6.1。

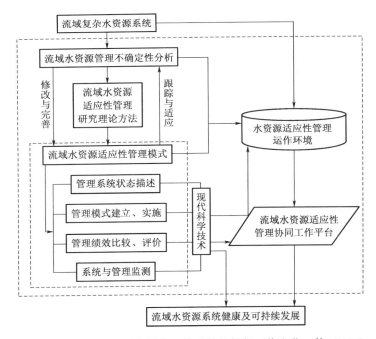

图 6.1　流域水资源适应性管理体系结构框架（佟金萍，等，2006）

结合流域水资源管理工作的特征，构建适应性管理体系的流程主要包括：进行流域水资源系统复杂性和管理工作不确定性分析；依据适应性管理的相关理论和技术方法构建流域水资源适应性管理模式；确定实施水资源适应性管理的运作环境，包括管理机构的设置和管理实施方案的制定等；搭建水资源适应性管理的协同工作平台等。在流域水资源适应性管理实施过程中，针对如何衡量适应性管理有效性标准问题，应该考虑河流健康和可持续发展两个方面，同时要进行不确定性定量的相关研究，以及考虑适应性管理绩效评估问题等。

今后一个时期，我国河流水资源的管理工作，仍为坚持流域综合管理为基础，不断贯彻维持和实现河流健康的理念，将水资源利用同生态保护相结合。可持续发展的水资源管理核心内容包括实现水资源合理调控下的经济效益与生态效益、环境效益之间的统筹协调。针对河流水资源和水环境问题，基于可持续发展的理念，开展基于生态需水调控的河流适应性管理成为发展趋势。

6.1.2 生态需水调控的适应性管理

水资源系统和生态需水问题的复杂性与管理的不确定性，决定了开展生态需水调控适应性管理的必要性。针对闸控河流生态需水调控管理，不确定性因素主要表现在河流径流过程的不确定性、河流生态保护对象的不确定性和生态效益的不确定性。河流径流过程的不确定性表现为水资源的时空分布及人类活动干扰导致的水文情势变化的随机性；河流生态保护对象的不确定性主要是受到水生态效应的滞后性影响；生态效益的不确定性表现在闸坝运行方案的确定、调整、优化等带来的难以定量等问题。

结合适应性管理的特征，以及河流生态需水问题的可能解决途径，生态需水调控的适应性管理，就是基于人类对生态系统的有限认知，以及人与自然之间相互关系的复杂和不确定状况，通过各利益相关者的参与、协商，通过河流状况的持续监测和系统评估等技术手段，进行知识与经验获取，修正完善调度管理目标及实践行为，以实现经济社会用水和生态需求协调的综合管理活动。

生态需水调控的适应性管理是一个动态过程，是在了解整个系统中的不确定性的前提下，围绕生态调度需求而进行的不断学习、反馈与调整的过程，确保水库调度与经济、社会、生态的协调发展。在技术层面上要涉及河道内生态需水确定、生态调控准则、闸坝调度技术、生态调度方案评价等问题，在管理层面上要涉及闸坝生态需水调控的保障体系和补偿机制等。其中，适应性管理框架构建可以分为两个阶段，即建立阶段与反馈阶段，分别包含几个重要过程，见图 6.2。

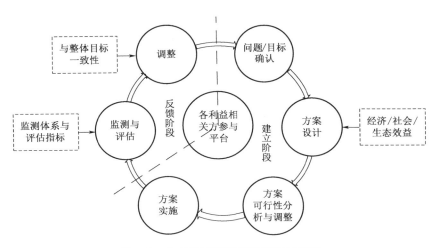

图 6.2　生态调度的适应性管理过程图

该框架内，对所制订方案的过程及效果进行评估，需要建立合理的监测网络，构建经济社会与生态效益之间的评估方法及指标体系，进行持续监测和系统评估，通过生态与环境的动态需求来不断调整原有调度管理目标。其中，管理目标的确定是基础，调度过程中对各生态因子的内在过程与规律的认识是制订合理调度方案的关键，可操作性强的方案的制订、相应配套条件的落实、各利益相关团体的共同参与、良好的运行管理制度是保障。

6.1.3　沙颍河流域生态调度的适应性管理需求

（1）沙颍河闸坝调控现行方式。沙颍河流域所建设的闸坝，从功能上，分别为供水、灌溉、航运、发电等。为实现相应的水资源管理需求，闸坝调度主要包括常规的供水调度和洪水调度，以及特殊情况下的防污调度。

1）常规调度。沙颍河流域的常规调度主要是考虑水量、水质问题，进行综合调度。现实调度的原则是调度尽可能少的闸坝，利用被调度闸坝的最大调蓄能力，避免开启过多闸坝造成需要的信息量大，带来经济上的浪费和问题的复杂化；同时也便于调度人员操作，使主要监测的水质达标。为保障河流监测断面的水质达标，在调度中先启调最下游的闸坝，在最高水位的限制范围内利用其最大蓄泄能力蓄滞或是下泄来水，若超过被调闸坝的最大调蓄能力，则往上游逐级启调，直至在有效时间内利用被调闸坝最大调蓄能力使监测断面的水质达标。

2）防污调度。沙颍河的防污调度开始于 1980 年末，是淮河流域水污染联防调度的重要部分，当时在发生特大水污染事故情况下，逐步形成根据水情、水文特点利用闸坝进行水污染防治的生态调度实践。目前流域管理机构进行水污染联防调度的工作思路是基于气象预报进行流量预泄：①在枯水期保持小流量下泄，控制闸坝蓄水位，减少枯水期污染水体的蓄积量，同时增加河道的自净能力；②做好汛期第一场洪水的下泄，即在暴雨之前的 1~2d 进行流量预泄；③在发生突发性污染事故时，关闭遭受污染河段上下游的闸坝拦蓄污水，对污染水体集中处理，防止污染扩散。

（2）河道生态流量的管理需求。要保障沙颍河流域生态不再恶化，首先应当确保其最小生态需水量，也就是满足最小生态需水要求。河道生态流量是维持河流生态系统的物质基础，而水质是栖息地环境的关键因素之一。河流主要河道作为区域行洪排涝河道的功能需求将长期存在，需要从流域尺度出发，研究污染形成机制，对诸方面污染形成因素进行多维调控，其中污染控制是水质改善的前提，在控制污染物总量基础上，加大流域非点源污染和生活污水控制，以及加大再生处理力度和提高出水比例，整体减少流域污染物入河量。在满足防洪要求前提下，充分发挥闸坝调度功能，通过优势互补、合理调度，以控制污染物对河道的超量超标排放，保持河道生态基流及合理水位，实现主要河道的水质水量联合调控，促进河流生态恢复。

（3）河流水污染的防治需求。沙颍河流域的水污染问题，主要在于闸坝上游蓄积的大量重污染水集中泄流。理论研究和调度实践表明，沙颍河流域在河流用水过程中，在闸坝上游始终保持一定的水量，通过闸坝的调蓄保持一定的下泄流量，协调农业生产与淮河干流水质保护之间的关系，有助于减少水污染事件发生的风险。

同时，沙颍河流域闸坝等水利工程设施比较完善，随着河流调控与管理水平的提高，可以通过有效的管理，开展河流闸坝群的水质水量联合调度，并考虑研究与利用洪水资源进行水污染防治。

（4）河流水生态系统恢复需求。沙颍河流域水生态系统恢复可以按照不同阶段进行，近期结合主要城市水资源、环境规划，提出断面控制水质指标。远期结合流域水功能区的水质目标，通过水污染治理和水生态修复工作，使流域水质能够满足水体功能要求，逐步恢复河流水生态系统。根据淮河流域水生态功能区划分，沙颍河区域涉及 3 个区域的水生态功能：①贾鲁河中游郑州—周口区间平原生境维持区，该区主要水生态功能包括生境维持、产品提供，其中生境维持是其主导水生态功能；②沙颍河中下游周口地区平原生境维持区，该水生态三级区主要水生态功能包括生境维持、产品提供，其中生境维持是其主导水生态功能；③沙颍河下游阜阳地区平原产品提供区，该区主要水生态功能包括产品提供、生境维持，其中产品提供是其主导水生态功能。

6.2　河流生态需水保障机制体系构建

我国水资源配置先后经历了就水论水、基于宏观经济的区域水资源优化配置、基于二元水循环模式的水资源合理配置、以宏观配置方案为总控的水资源实时调度、经济生态系统广义水资源合理配置几个阶段（王浩，2006）。生态需水作为水资源配置的重要组成部分，需要在相关理论与技术不断开发和创新的基础上，通过建立有效的科学保障体系，不断优化用水模式，提高水资源开发利用的效率和效益，在确保经济社会发展用水需求的基础上，积极开展水污染的防治，实现水质目标的改善，推动生态系统的良性循环发展。

可以从河流生态用水管理、河流生态需水储备、河流生态需水安全预警及河流生态补偿等方面，构建河流生态需水调控的保障机制，见图 6.3。

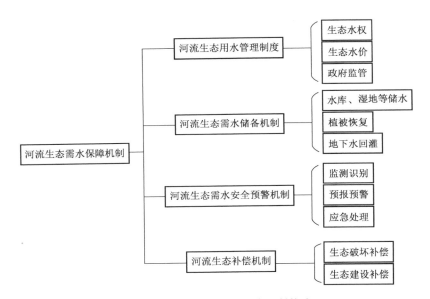

图 6.3　河流生态需水保障机制构成

其中，河流生态用水管理制度包含河流生态水权、法律法规以及生态用水管理指标、政府监管、生态水价等方面；河流生态需水储备机制中包含各种河流储水单元（水库、水闸、湿地、湖泊等）的储水，以及促进节水的非常规水资源利用、保障水源涵养的植被恢复、保证地下水水位的地下水回灌等措施；河流生态需水安全预警机制，包含河流生态环境监测识别体系的构建、预报预警体系的构建及相应应急处理措施体系的构建；而河流生态补偿机制包含常规的生态破坏补偿及生态建设补偿等。

6.2.1 河流生态用水管理制度分析及优化

河流生态用水管理制度的基础是河流水资源管理制度，也就是说在河流水资源管理中，强调生态系统对水资源的需求，将生态用水单独提出来，结合河流水资源管理制度的内容对生态用水进行管理，即构成河流生态用水管理制度。该制度的核心是保障河流生态用水的水量、水质需求。从管理学的角度来看，河流生态用水管理制度中包括河流生态水权的确定，法律法规、管理控制指标的确定、制订，政府监管体系的构建和生态水价的制订等方面。①生态水权的确定及相关法律法规的制订使得生态用水的保障有法可依，也提高了生态用水保障的公信力；②管理控制指标的确定为处理违法违规行为提供直接的依据；③政府监管体系的构建可提高法律法规的执行力；④生态水价的制订是利用经济杠杆来调节水权的分配。目前我国河流生态用水的管理中，对生态水权的重视程度不够，法律法规中对河流生态用水的最低标准制订比较模糊，难以为执法提供严格的准则，并且流域内管理机构复杂，形成"多龙治水"的局面，职责难以统一。因而，河流生态用水管理制度的完善，有利于提高河流生态用水的法理依据及保障能力。

目前，我国高度重视生态环境的保护，并将生态文明建设与政治建设、经济建设、文化建设、社会建设并立，凸显了我国政府对生态友好型社会建设的决心，而河流健康对人类社会发展和生态系统保护都具有重要的意义，因此新时期下河流水资源管理制度必须要做出相应的调整。

河流生态用水管理的内涵是：采用经济、法律、技术及行政手段改变经济社会系统长期占用河流生态用水的局面，保障河流生态系统对水资源的基本需求，目标是恢复河流生态系统健康发展、实现河流生态与经济社会和谐相处。河流生态用水管理制度，其构成可以分为以下3个方面：①生态水价制度，主要针对用水户，发挥水资源配置调节器的作用，通过经济措施降低河流生态用水被占用的风险，并对促进河流生态环境建设的工程水价进行区别对待；②生态水权制度，在河流水量不变的情况下，将生态用水提高到与农业用水、经济社会用水同等重要的水平，对生态用水权利进行界定，在法理上保障生态系统的基本用水需求；③生态用水管理体系，针对河流管理的重点，构建管理指标体系，并对流域行政管理及公众参与进行调整。

新中国成立以来，我国水价先后经历了无偿供水阶段、低价供水阶段、有偿供水的逐步完善阶段，水价体系也逐渐完善起来，实现了水资源自然水到产品水再到商品水的转换。按照商品水价来算，水价由资源水价、工程水价、环境水价三部分组成，而目前我国水价核算中只有工程水价和资源水价，没有或较少考虑环境水价。因此，从生态文明建设的角度来看，应将环境成本纳入水价成本，利用经济杠杆促进生态环境的保护。对河流供水而言，水价制订者考虑的范畴应该更多，在保障生态环境最低水量需求的基础上，对不同的用水对象制订不同的水价标准。

长期以来，沙颍河流域存在着生态用水被占用、水质性缺水严重的现象，生态环境对水资源的基本需求难以维持，但各城镇的水价标准制订中主要考虑经济水平和供水工程成本，对环境成本认识不足，并且淮河流域是我国重要的农产区，而我国农业用水费用的征收往往是象征性的，难以达到水费征收的目的。因此，利用经济杠杆来保障生态系统的水资源需求还有很大的提升空间。流域的水污染状况使其在水价的制订中必须重视环境成本，而污染程度不同的用户采用不同的水价征收标准，主要有两种类型：一种是污染生态、破坏环境的用户，如工业用水、农业用水和生活用水绝大多数都会有污染物排放，对生态环境造成破坏，这类用户应该核算环境成本，提高水价标准；另一种是促进生态环境保护或者有特定用途的用户，要给予特殊的政策，如公园、生态保护区等用户的用水，对生态环境保护具有促进作用，水资源费用的征收上要考虑其特殊性予以照顾。结合河流生态需水的研究，河流生态系统可以短期处于最小生态流量，因而，在缺水季节或者用水颇丰的季节，要保障最小河流生态需水，对于取用处于最小生态需水量与适宜生态需水量之间水量的用水区域，由流域委员会征收额外的生态费用，用以补偿生态系统受到的影响。河流水量也有丰枯，水价要结合河流水量的丰枯季节进行调整，丰季下调、枯季上调。

管理措施的实施，除了需要完善的法律法规作为后盾外，还需要针对管理内容明确管理指标，构建合适的监管体系。河流生态用水的管理也同样需要制定指标体系和监管体系，在此，结合河流生态用水管理的特性及国内外生态用水管理的经验，针对沙颍河流域，逐步建立河流生态用水管理指标体系，设置的生态用水管理指标应该具有一定的科学内涵，并可以体现河流生态用水管理的主要内容和环境目标，以及能反映和度量现状、发展趋势及主要目标的实现情况，主要包括河流生态用水量管理、河流水污染控制管理、河流生态恢复管理、河流生态需水储备能力、河流经济发展管理等。

河流生态用水管理是流域水资源管理的一部分，侧重于水生态和水环境的管理。目前，我国流域水资源管理存在着流域统一管理机制缺乏、法律体系不健全、管理信息系统尚不完善、公众环境意识不足等问题，因而完善管理体系任重道远。就河流生态用水管理而言，其完善的体系中应该包含统一的管理决策者、完善的技术标准、法律法规、管理指标等诸多方面。从生态用水的特性出发，应当提高生态用水相关管理指标的监控，随时调整河流水量的分配。技术层面，应当建立生态用水管理理论和指标体系，确定生态需水阈值，完善生态用水的监管体系，构建生态用水专家支持决策系统。

我国针对河流生态和水环境问题，多采取的是投入大的末端治理、后期修复等办法。而河流生态系统的恢复和保护是一个长期的过程，所以应当加强生态用水管理、强化水生态保护的前端预防，建立和完善公众参与制度。对沙颍河流域而言，其主要产业为农业，工业也以污染严重的产品加工、矿产开采等为主。由于国家粮食安全处于所有政策的第一位，所以流域产业结构调整的核心是关闭一些污染严重、浪费严重的工业，引入低耗水的生态型产业；农业以发展节水型农业为主。生活水平逐渐提升，生活用水的需求也在逐步增加，对此，应当推广节水器具的使用，提高公众的节水意识，由政府引导，促进消费结构的改变。沙颍河流域河流生态用水问题突出，在流域及区域水资源规划中预留充足的河流生态水量也是遏制进一步占用河流生态用水的重要方式。流域内水利工程众多，影响了鱼类洄游产卵等生物行为，破坏生物系统平衡，同时也改变了河流的天然状态，影响生物栖息地，因而，需要对水利工程结构进行改造，修建一些鱼道等维持上下游生物沟通的辅助工程，并适时地调整闸坝的下泄流量，保障下游生物栖息地不发生大的改变。

6.2.2 河流生态需水储备机制分析

随着我国水危机形势的加剧，水资源的开发利用不能仅仅考虑如何大量从地表地下取水、高效用水等，而应该结合水循环系统的每个环节，构建多方位、立体及动态的储备体系。具体来说，水资源储备机制就是在水资源供大于需的时候，储存水资源；在水资源需大于供的时候，调用储备；在控制总需求的情况下，保障水资源的供需动态平衡及可持续性。从可持续发展的角度来看，在经济社会取用河流水资源的时候，要兼顾河流生态系统的需求，而河流生态需水的储备可以保障枯水季节及年份生态系统的水资源需求，因此，构建河流生态需水储备机制势在必行。

生态需水是水资源利用的一部分，因此生态需水储备具有可持续性、立体性和动态性的特点。其可持续性体现在水资源的可再生性，完善的储备库可以无限次使用；立体性体现在水资源的循环过程中，处于循环的各个环节的水均可变成资源来利用；动态性是所有资源储备的共同特性，即资源多的时候储备，缺乏的时候动用。生态需水储备机制的特点表明，生态需水的保障可以从水循环系统的每个环节入手，实现"开源"与"节流"相结合，克服水资源时空分布不均匀，降低缺水季节/年份河流断流的风险，保障河流生态系统的安全。

河流生态需水储备体系是水资源储备体系的一部分，因而水资源储备中的部分或者全部储备都可以作为河流生态系统服务。从水资源储备模式来看，河流生态需水储备模式应该包含地面储备、地下储备、水的循环利用、贸易储备等诸多方面。大气水资源的开发对于缓解区域水资源短缺、改善区域生态环境有着重要的作用。地面储备的核心是对地表径流及雨洪资源的利用，修建水库、水闸、水塘等水利工程是最为直接有效的利用方式。淮河流域有闸坝1.1万多座，相关水利设施相对较完善，具有较强的调蓄能力；河流湖泊、湿地、蓄滞洪区等对水资源的短期调蓄与人工修建的水利工程具有同等的功效；流域内调水与跨流域调水也是改善生态需水储备的有效方式，流域内部河网密集，子流域之间大多有渠系和运河连通，可改善局部区域的水资源储备量，增加流域整体的水资源储备。地面储备可用于生态系统需求，当河流自身水量难以维持生态系统需求的时候，可适当地调用水库、湿地等水资源储备。土壤储备主要利用土壤的持水性能、植被的保水能力来存储水资源。植被（森林、草地）对降水具有蓄积作用，其对雨水的拦蓄，可以延缓河流的洪水过程线、提高枯水期河流水量的补给量。沙颍河河源、南部山区等地区在淮河流域水生态分区中属于水源涵养区，目前这些区域的植被遭到大量的破坏，致使河流流量过程变得复杂，影响河流生境条件，因而实施退耕还林还草工程及扩大森林覆盖率的做法是提高淮河流域土壤储备的有效措施。地下储备主要针对地下水而言，包括提高地下水水位和修建地下水库两种方式，可通过集雨拦洪得来的水资源补给地下水，提高地下水水位，间接提高河流补给量、延长补给时间，也可以充分利用巨大的地下储存空间对丰水年的外来水和地表水进行蓄积，遇连续干旱、突发事件时可取出利用，提高供水保障程度，降低对河流生态用水的挤占。目前，沙颍河流域也存在着严重的地下水超采问题，地下储备的建立具有一定的可行性，并且可以改善区域地下水环境。

　　构建流域生态需水储备机制，可以有效地保障河流生态系统对水资源的需求。从沙颍河流域闸坝众多、水污染严重的问题出发，流域生态需水保障机制构建中应将地面储备和替代储备放在首位，并综合考虑地下储备、土壤储备等其他储备模式。利用市场价格改革、政府补贴等手段，加强微咸水利用、污水资源化等新技术的竞争力。发挥蓄滞洪区调蓄功能，在当前水资源短缺、水生态环境恶化的情况下，蓄滞洪区还应当承担调洪补水、回补平原地下水源、恢复地下水水位及湿地的功能。淮河上中游水资源涵养区（淮河源、伏牛山、大别山等）的森林资源遭到不同程度的破坏，使其水资源涵蓄能力下降，加剧了水资源时间分布的不均匀性，同时其水土流失也对河流环境产生了影响。从构建生态需水储备机制的角度出发，应当推行退耕还林还草、恢复上游植被生态的政策，将提高水资源涵养区植被覆盖率作为河流生态环境保护的一种手段。流域部分区域存在地下水超采严重、河道断流的现象，在这些区域，应当建设地下水补给工程，改善水系的水文条件，同时在一些地下水储量充足的地区，鼓励利用地下水，缓解河流水资源的供需矛盾。流域众多的水利工程为蓄水水域的水生态起到了良好的保护和改善作用，但是对下游生态水量的供应产生了一定的影响，从发挥水利工程生态效益的角度出发，应当采取清淤、加高整固堤坝、提高闸坝设计标准等措施，提高水闸及湖、库的蓄水能力，分阶段建设一批生态补水工程，并重视对下游水域用水的补给。在河流的日常管理中需要制订配套的法律法规来支撑生态需水储备机制的运行。法律法规的制订可以从水土保持、污水排放、生态需水储备库容等角度展开，确保日常管理工作有法可依。

6.2.3　河流生态需水安全预警机制分析

目前，预警在气象、环境、水文等领域有广泛的应用，而河流生态需水安全预警是水资源安全预警与河流生态环境预警的结合，是对河流生态系统用水安全及生态系统退化、恶化的预警。因而，河流生态需水安全预警应当是对影响河流生态需水质量与数量需求、造成河流生态系统退化恶化的情况进行预警分析，并及时排除警情。河流生态需水安全预警机制的核心是构建安全预警指标体系及安全预警系统。

河流生态需水预警与评价、预测具有密切的关系，一般而言，先有评价，才有预测，最后才有预警。因而，河流生态需水安全预警系统应当具有以下功能：①正确评价当前的河流系统状态，反映当前河流生态是否健康；②准确预测未来河流生态系统的变化趋势，能及时地预报警情，起到预警的作用；③针对河流生态需水警情，及时地进行调控，恢复河流生态系统正常运行。根据功能可以看出，河流生态需水预警安全机制的建立有利于河流生态需水保障机制的正常运转，促进河流生态需水储备机制和河流生态用水管理制度作用的发挥。

河流生态需水安全预警的目的是在警情发生之前根据警兆及时采取措施，保证河流生态需水的正常供应。警情是预警中需要监测和预报的对象；警源是警情的根源，也是危机发生的根源，如果能及时地根据警兆来预测潜在的危险，就能采取措施，挽回损失。因而，河流生态需水安全预警机制的运行机理为：通过河流生态需水安全预警机制指标体系及预警临界值，分析由警源呈现出的警兆，预测警情的发展程度及可能的损害程度，然后根据预警信号识别系统向社会预报警度，最后采取措施排除隐患。河流生态系统对水资源具有水量和水质两方面的需求，在没有人类活动的干扰下，河流生态系统可以实现水量、水质安全及可持续性。人类活动致使水量、水质更多地表现出社会性。而生态系统的可持续发展需要一定数量的水资源来保证，并且水资源发挥作用与否与水质有很大的关联，因此，可以通过水质、水量两个方面来确定生态需水保障是否安全。

包括沙颍河流域在内的淮河水系的防洪抗旱工作受到各级政府的重视，已经建设了覆盖全流域的完善水文、气象监测站，并且随着水资源管理的需求在不断新建和完善水质监测站、水环境移动监测及水环境检测中心，也对部分水文站和水质监测站进行了现代化的改造。随着监测体系的完善、相关法律法规的出台，流域水资源安全管理也日趋成熟，而河流生态需水预警机制还需要进一步完善。预警的核心是信息的畅通，应当进一步加快自动水文站、水质站的建设，完善河流水文、水质监测的现代化改造，利用先进的计算机网络技术构建支持决策系统，实现数据整理、判断与分析的及时性、准确性，从而提高预警的精度。生态需水预警制度建立的目的是保障河流生态系统的水资源需求，促进河流生态系统的健康发展。预警信息的公开，可以促进公众对河流生态问题的认知，提高公众保护生态环境的意识。此外，公众参与监督，有利于及时发现问题，并能够提供参考意见，促进预警机制发挥作用。将最低生态流量作为维持河流生态系统的健康底线，任何情况下，都要维持这个临界点，并根据河流不同区域的生态保护目标，制订最低的水质标准。对最小生态流量而言，枯水季节容易受到威胁，当水量低于最小生态流量的时候，河流将处于危机状态，河流的取用水管理也要进入非常状态。在最小生态流量线以下设立河流干涸风险防线，可以适当地降低生态用水标准，但是绝对不能低于河道干涸风险防线。非常状态下，可以适当地采取高价限制、限量供水，调用生态需水储备等措施，多方位保障河流生态需水的供给。

6.2.4　河流生态补偿机制分析

　　河流生态系统补偿通常包括两方面的内容，一个是修复河流生态系统的补偿，另一个是破坏河流生态系统的补偿，遵循"谁挤占，谁补偿，谁受益，谁补偿"的原则。在目前区域经济的发展状况下，难免会对河流生态环境产生影响，造成一定的资源和生态损失，因此需要对河流生态系统进行补偿；同时还存在着为保护河流生态做出贡献者，政府可以对其行为进行嘉奖，引导公众与企业重视生态环境保护。

　　河流生态系统是一个开放的复合系统，主要由水体、生物和河岸带组成，其健康与否关系到河流能否为社会经济提供多目标、多层次的功能，也会影响调节气候、降解污染物等生态环境功能的实现，因此河流生态补偿中应当综合地考虑水量、水质、栖息地、生物、景观等因素，充分地认识河流生境是多种生物共同生活的空间，将其恢复成兼具生境多样性和生态系统连续性的耦合体。河流生态补偿是将破坏环境的外部效应内部化的经济手段，其主要目标是保护河流生态环境、提高河流系统效用，同时也兼顾河流湿地的恢复、河流栖息地的塑造等。其中，河流生态建设补偿指的是对做出有益于生态环境健康发展的项目或者社会团体进行补偿，可增强社会的环保意识；河流生态破坏补偿指的是对生态环境造成破坏的项目，需要对生态环境进行补偿。

生态补偿机制的特点使其具有很强的经济性，从经济学角度出发，自然资源的价值核定中要充分地考虑自然资源的固有价值及环境污染治理和生态破坏的投入，即补偿标准应该为生态环境保护的机会成本。因此，在河流生态补偿标准确定的时候要考虑：河流生态环境行为的性质和程度，河流生态环境所属的区域或地区，河流生态环境受影响的范围和程度，河流生态环境恢复的难易程度等。河流生态补偿的方式也很多，常见的有政策补偿、资金补偿、实物补偿、智力补偿等。政策补偿主要通过政府的管理制度、政策法规等方面，对河流生态系统的保护进行规划引导，促进水环境保护地区环境保护、生态建设与经济社会的协调发展。政府的政策包含发展生态型产业和环保型产业、支持异地开发、生态移民等方面。资金补偿指直接或间接向受补偿者提供资金支持，这笔生态补偿金主要用于水污染综合治理工程建设、补偿因上游污染或者因占用河水对下游经济造成的损失、解决下游水污染和水短缺等方面。具体的资金补偿方式有：赠款、补偿金、补贴、财政转移支付、贴息、减免税收、退税、信用担保的贷款等。这种补偿方式是在政府和社会的监督下，通过经济手段来达到提高生态效益的目的。实物补偿指补偿者通过物质、劳力等协助受补偿者解决部分生产生活问题，改善受补偿地区的河流生态环境现状及社会经济水平，整体提升区域水生态保护及建设能力。智力补偿也可称为技术补偿，主要包括向受补偿地区提供技术咨询和指导、向受补偿地区输送专业人才、培养受补偿地区的技术人才和管理人才等方面，切实提高受补偿地区的技术水平和组织管理水平。

6.3　小结

生态需水调控的适应性管理有助于对河流生态需水问题进行有效地改善，是可持续管理理念的延伸和发展。基于该理念，不断提高人类对河流生态系统的认知，辨识人与自然之间相互关系的科学规律，通过有效的技术手段，不断完善水资源管理实践，有助于经济社会用水和生态需求协调发展的实现。

第7章 结 论 与 展 望

7.1 结论

本书以多闸坝的沙颍河为研究对象，系统分析了研究区的水资源与水环境状况及存在的问题；选取典型闸坝工程和关键水文断面，研究闸坝对河流水文、水环境和水生态产生的影响；从河流健康的角度，辨识河流生态需水的概念和特征，提出了面向河流健康的生态需水计算方法；基于复杂水资源系统条件下生态需水调控问题，构建基于自然水文情势的闸控河流生态调度多目标模型；基于水资源适应性管理理论，提出河流生态需水的管理和保障体系。通过研究主要取得以下几点结论。

（1）闸坝工程对河流的水文、水环境和水生态具有明显的影响。闸坝工程建设引起流域生态系统中水文、水质和泥沙等非生物要素的变化，进而引起流域生态系统中初级生物要素和流域地形地貌的变化，前两者综合作用，最终引发高级动物如鱼类等的变化。闸控河流同自然河流相比，有特殊的形态特征和水文特征。基于 IHA/RVA 对沙颍河典型闸坝的水文效应进行分析，结果表明，河流水文改变度指标中的 3 月平均流量、10 月平均流量、低流量次数、逆转次数、低流量持续时间、1d 最小流量 6 个指标是该河流改变度较高的指标，这些指标的变化对沙颍河水生态系统有重要的影响。闸坝运行对闸上、闸下的水质有明显的影响，河流大多数断面（河段）处于中度或重度污染。沙颍河流域的河流生态系统处于脆弱和不稳定的阶段。

（2）提出了面向河流健康的闸控河流生态需水计算方法。河流生态需水是河流健康的重要基础，健康的河流需要有一定的水量、水质和持续时间的水流及其年际、年内丰枯规律等似天然流模式。面向河流健康的生态需水计算，可以从满足生态需求、最小生态需水量、适宜生态需水量，以及满足河流环境需求的最小环境需水量和（防污、冲沙）脉冲需水量两个方面进行考虑，综合分析和确定河流的生态需水总量及其过程。采用 Tennant 法初步分析河流的最小生态需水量，用水力半径法计算沙颍河典型河段的适宜生态流量，用 7Q10 法进行河流环境需水量的分析，并用月（年）保证率设定法来验证，计算得沙颍河漯河、周口、界首和阜阳断面年生态需水量为 8.11 亿 m³、11.78 亿 m³、15.94 亿 m³ 和 19.28 亿 m³，可以作为沙颍河生态需水管理和调控的参考。

（3）基于水文情势需求的闸控河流生态需水调控，可以更好地满足河流水生态系统的需水过程。针对闸控河流经济社会用水和河流生态需水状况，根据两种目标对水流的不同利用规则，分别从闸坝的水量分配和下游河道天然水流模式模拟两个方面设立目标函数，建立了兼顾兴利要求和河流生态环境要求的多目标调度模型。考虑生态需水的"水流模式目标最大"情形，比经济社会用水优先的"水量分配目标最大"情形，通过调度，有了比较大的改善，低流量次数、最小流量发生时间、9 月平均流量、高流量次数、流量平均减少率、4月平均流量 6 个水文改变度指标的改善率分别为 12.6％、1.8％、6.3％、2.8％、18.1％和 27.7％，考虑河流天然水文情势要求的调度模型，可以明显地对水文改变度指标产生影响。

（4）开展闸控河流生态需水保障体系研究。针对多闸坝影响下的河流水资源和水环境问题分析，结合闸控河流域水资源管理、水污染治理和水生态修复保护的经验，基于河流适应性管理等理念，从水资源保障机制与生态环境保障机制构建等方面，提出了闸控河流生态需水保障体系，并构建研究区生态需水管理措施体系，为河流水资源综合管理提供参考。

7.2　展望

（1）加强生态水文效应的数据监测。河流生态水文效应具有滞后性和累积性，规律的分析需要基于长期的水生态数据的监测，需要长期数据的积累。生态变量（动植物及水生生物等）与非生态变量（水文、水量、泥沙、水质、水体温度等）之间相互作用，而且生态变量依赖非生态变量而存在，天然状态下，整个生态系统达到稳定的平衡状态。水生态数据由于监测数据有限，当前主要分析基于河流空间位置的变化特征。随着经济技术条件的提高，水资源水环境监测越来越规范，坚持开展水生态监测，不断提高水生态系统生态水文效应分析和研究的科学性。

（2）开展多闸坝河流生态调度实践。生态调度的目标是多样的，实践的开展需要综合考虑经济、技术条件，通过开展生态调度的原型实验深入进行机理分析，以科学确定生态需水量，进而推进生态调度的常规应用。需要不断开展生态多目标下的河流生态调度研究和实践，为河流健康和生态系统修复提供保障。

参 考 文 献

唱彤，2013. 流域生态分区及其生态特性研究 [D]. 北京：中国水利水电科学研究院.

陈豪，左其亭，窦明，等，2014. 闸坝调度对污染河流水环境影响综合实验研究 [J]. 环境科学学报，34（3）：763－771.

陈杰，欧阳志云，2011. 颍河流域水资源开发潜力与承载力分析 [J]. 农业系统科学与综合研究，27（2）：129－134.

陈进，2015. 长江生态系统特征分析 [J]. 长江科学院院报，32（6）：1－6.

陈俊贤，蒋任飞，陈艳，2015. 水库梯级开发的河流生态系统健康评价研究 [J]. 水利学报，46（3）：334－340.

陈敏建，2007a. 生态需水配置与生态调度 [J]. 中国水利（11）：21－24.

陈敏建，2007b. 水循环生态效应与区域生态需水类型 [J]. 水利学报，38（3）：282－288.

陈敏建，丰华丽，王立群，等，2006. 生态标准河流和调度管理研究 [J]. 水科学进展，17（5）：631－636.

陈敏建，王浩，2007. 中国分区域生态需水研究 [J]. 中国水利（9）：31－37.

陈庆伟，刘兰芬，刘昌明，2007. 筑坝对河流生态系统的影响及水库生态调度研究 [J]. 北京师范大学学报（自然科学版），43（5）：578－582.

崔保山，杨志峰，2002. 湿地生态环境需水量研究 [J]. 环境科学学报，22（2）：219－224.

崔国韬，左其亭，2011. 生态调度研究现状与展望 [J]. 南水北调与水利科技，9（6）：90－97.

董哲仁，2003. 河流形态多样性与生物群落多样性 [J]. 水利学报，34（11）：1－6.

董哲仁，2005. 河流健康的内涵 [J]. 中国水利（4）：15－18.

董哲仁，2009. 河流生态系统研究的理论框架 [J]. 水利学报，40（2）：129－137.

杜强，王东胜，2006. 河道的生态功能及水文过程的生态效应 [J]. 中国水利水电科学研究院学报，3（4）：287－290.

丰华丽，2002. 河流生态环境需水理论方法及应用研究 [D]. 南京：河海大学.

丰华丽，陈敏建，王立群，2007. 河流生态系统特征及流量变化的生态效应 [J]. 南京晓庄学院学报，23（6）：59－62.

冯文娟，李海英，徐力刚，等，2015. 河流健康评价：内涵、指标、方法与尺度问题探讨 [J]. 灌溉排水学报，34（3）：34－39.

冯彦，何大明，杨丽萍，2012. 河流健康评价的主评指标筛选 [J]. 地理研究，31（3）：389－398.

高红莉，李洪涛，赵凤兰，2010. 沙颍河（河南段）水污染的时空分布规律 [J]. 水资源保护，26（3）：23－26.

高永胜，王浩，王芳，2007. 河流健康生命评价指标体系的构建 [J]. 水科学进展，18（2）：252－257.

葛怀凤，2013. 基于生态—水文响应机制的大坝下游生态保护适应性管理研究 [D]. 北京：

中国水利水电科学研究院.

顾大辛，谭炳卿，1989. 人类活动的水文效应及研究方法 [J]. 水文 (5)：61-64.

韩宇平，王富强，赵若，等，2014. 北运河河流生态需水分段法研究 [J]. 华北水利水电大学学报（自然科学版），35 (2)：25-29.

郝弟，张淑荣，丁爱中，等，2012. 河流生态系统服务功能研究进展 [J]. 南水北调与水利科技，10 (1)：106-111.

郝守宁，2014. 颍河流域水功能区面源污染控制研究 [D]. 郑州：华北水利水电大学.

侯锐，2006. 水电工程生态效应评价研究 [D]. 南京：南京水利科学研究院.

侯锐，陈静，2006. 国内水利水电工程生态效应评价研究进展 [J]. 水利科技与经济，12 (4)：214-215.

胡和平，刘登峰，田富强，等，2008. 基于生态流量过程线的水库生态调度方法研究 [J]. 水科学进展，19 (3)：325-332.

胡金，万云，洪涛，等，2015. 基于河流物理化学和生物指数的沙颍河流域水生态健康评价 [J]. 应用与环境生物学报，21 (5)：783-790.

黄涛珍，宋胜帮，2013. 基于关键水污染因子的淮河流域生态补偿标准测算研究 [J]. 南京农业大学学报（社会科学版）(6)：109-118.

蒋艳，彭期冬，骆辉煌，等，2011. 淮河流域水质污染时空变异特征分析 [J]. 水利学报，42 (11)：1283-1288.

金帅，盛昭瀚，刘小峰，2010. 流域系统复杂性与适应性管理 [J]. 中国人口·资源与环境，20 (7)：60-67.

金小娟，陈进，2010. 河流健康评价的尺度转换问题初探 [J]. 长江科学院院报，27 (3)：1-4.

金鑫，2012. 面向河流生态健康的供水水库群联合调度研究 [D]. 大连：大连理工大学.

金鑫，郝彩莲，严登华，等，2012. 河流健康及其综合评价研究——以承德市武烈河为例 [J]. 水利水电技术，43 (1)：38-43.

康玲，黄云燕，杨正祥，等，2010. 水库生态调度模型及其应用 [J]. 水利学报，41 (2)：134-141.

赖祖铭，1989. 气候变化的水文效应 [J]. 干旱区地理 (2)：50-58.

李来山，左其亭，窦明，2011. 淮河流域闸坝特征及其对水质改善作用分析 [J]. 水利水电技术，42 (6)：8-12.

梁静静，窦明，夏军，等，2010. 淮河流域水生态服务功能类型研究 [J]. 中国水利 (19)：11-14.

梁友，2008. 淮河水系河湖生态需水量研究 [D]. 北京：清华大学.

廖四辉，2011. 洪水资源利用与生态用水调度研究 [D]. 北京：清华大学.

刘昌明，门宝辉，宋进喜，2007. 河道内生态需水量估算的生态水力半径法 [J]. 自然科学进展，17 (1)：42-48.

刘静玲，任玉华，杨志峰，等，2010. 流域生态需水学科维度方法研究与展望 [J]. 农业环境科学学报，29 (10)：1845-1856.

刘静玲，杨志峰，肖芳，等，2005. 河流生态基流量整合计算模型 [J]. 环境科学学报，25 (4)：436-441.

刘玉年，夏军，程绪水，等，2008. 淮河流域典型闸坝断面的生态综合评价 [J]. 解放军理工大学学报（自然科学版），9（6）：693-697.

刘玉玉，2015. 河流系统结构与功能耦合修复研究［D］. 大连：大连理工大学.

鲁春霞，刘铭，曹学章，等，2011. 中国水利工程的生态效应与生态调度研究［J］. 资源科学，33（8）：1418-1421.

毛战坡，彭文启，周怀东，2004. 大坝的河流生态效应及对策研究［J］. 中国水利（15）：43-45.

毛战坡，王雨春，彭文启，等，2005. 筑坝对河流生态系统影响研究进展［J］. 水科学进展，16（1）：134-140.

梅亚东，杨娜，翟丽妮，2009. 雅砻江下游梯级水库生态友好型优化调度［J］. 水科学进展，20（5）：721-725.

米庆彬，窦明，郭瑞丽，2014. 水闸调控对河流水质-水生态过程影响研究［J］. 水电能源科学（5）：29-32.

欧阳志云，王如松，赵景柱，1999. 生态系统服务功能及其生态经济价值评价［J］. 应用生态学报，10（5）：635-640.

祁继英，阮晓红，2005. 大坝对河流生态系统的环境影响分析［J］. 河海大学学报（自然科学版），33（1）：37-40.

石伟，王光谦，2002. 黄河下游生态需水量及其估算［J］. 地理学报，57（5）：595-602.

舒卫先，韦翠珍，2015. 沙颍河鱼类种类组成和特征分析［J］. 治淮（1）：27-28.

水利部淮河水利委员会，1990. 淮河水利简史［M］. 北京：水利电力出版社.

苏丹，2014. 浅谈沙颍河的演变与整治［J］. 江淮水利科技（1）：13-15.

苏飞，2005. 河流生态需水计算模式及应用研究［D］. 南京：河海大学.

孙东亚，董哲仁，赵进勇，2007. 河流生态修复的适应性管理方法［J］. 水利水电技术，38（2）：57-59.

孙小银，周启星，2010. 中国水生态分区初探［J］. 环境科学学报，30（2）：415-423.

孙雪岚，胡春宏，2007. 关于河流健康内涵与评价方法的综合评述［J］. 泥沙研究（5）：74-80.

孙艳伟，王文川，魏晓妹，等，2012. 城市化生态水文效应［J］. 水科学进展，23（4）：569-574.

孙宗凤，董增川，2004. 水利工程的生态效应分析［J］. 水利水电技术，35（4）：5-8.

谭红武，廖文根，李国强，等，2008. 国内外生态调度实践现状及我国生态调度发展策略浅议［C］//中国水利学会学术年会.

佟金萍，王慧敏，2006. 流域水资源适应性管理研究［J］. 软科学，20（2）：59-61.

王备新，杨莲芳，刘正文，2006. 生物完整性指数与水生态系统健康评价［J］. 生态学杂志，25（6），707-710.

王根绪，刘桂民，常娟，2005. 流域尺度生态水文研究评述［J］. 生态学报，25（4）：892-903.

王浩，2006. 我国水资源合理配置的现状和未来［J］. 水利水电技术，37（2）：7-14.

王俊娜，董哲仁，廖文根，等，2013. 基于水文-生态响应关系的环境水流评估方法——以三峡水库及其坝下河段为例［J］. 中国科学：技术科学，43（6）：715-726.

王淑英，王浩，高永胜，等，2011. 河流健康状况诊断指标和标准［J］. 自然资源学报（4）：591-598.

王西琴，2007. 河流生态需水理论、方法与应用［M］. 北京：中国水利水电出版社.

王西琴，刘昌明，2001. 河道最小环境需水量确定方法及其应用研究（Ⅰ）—理论［J］. 环境科学学报，21（5）：544-547.

王西琴，刘昌明，杨志峰，2002. 生态及环境需水量研究进展与前瞻［J］. 水科学进展，13（4）：507-514.

王线朋，2000. 沙颍河上游区降水特性分析［J］. 水文（1）：53-55.

王园欣，左其亭，2012. 沙颍河河南段水质变化及成因分析［J］. 水资源与水工程学报，23（4）：47-50.

魏娜，2015. 基于复杂水资源系统的水利工程生态调度研究［D］. 北京：中国水利水电科学研究院.

文伏波，韩其为，许炯心，等，2007. 河流健康的定义与内涵［J］. 水科学进展，18（1）：140-150.

吴阿娜，2008. 河流健康评价：理论、方法与实践［D］. 上海：华东师范大学.

吴阿娜，杨凯，车越，等，2005. 河流健康状况的表征及其评价［J］. 水科学进展，16（4）：602-608.

席秋义，徐建光，张洪波，等，2010. 河流生态水文系统研究［J］. 人民黄河，32（8）：10-12.

夏军，1999. 区域水环境及生态环境质量评价［M］. 武汉：武汉水利电力大学出版社.

夏军，彭少明，王超，等，2014. 气候变化对黄河水资源的影响及其适应性管理［J］. 人民黄河（10）：1-4.

夏军，赵长森，刘敏，等，2008. 淮河闸坝对河流生态影响评价研究——以蚌埠闸为例［J］. 自然资源学报，23（1）：48-60.

肖风劲，欧阳华，2002. 生态系统健康及其评价指标和方法［J］. 自然资源学报，17（2）：203-209.

肖建红，2007. 水坝对河流生态系统服务功能影响及其评价研究［D］. 南京：河海大学.

肖建红，施国庆，毛春梅，等，2006. 河流生态系统服务功能及水坝对其影响［J］. 生态学杂志，25（8）：969-973.

严登华，王浩，王芳，唐蕴，2007. 我国生态需水研究体系及关键研究命题初探［J］. 水利学报，38（3）：267-273.

杨爱民，唐克旺，王浩，等，2008. 中国生态水文分区［J］. 水利学报，39（3）：332-338.

杨沈丽，杨沈生，2008. 沙颍河周口-槐店段水质变化规律与污染分析研究［J］. 治淮（3）：15-16.

杨文慧，严忠民，吴建华，2005. 河流健康评价的研究进展［J］. 河海大学学报（自然科学版），33（6）：607-611.

杨扬，2012. 考虑生态需水分析的水库调度研究［D］. 大连：大连理工大学.

杨志峰，2003. 生态环境需水量理论、方法与实践［M］. 北京：科学出版社.

姚维科，崔保山，刘杰，等，2006. 大坝的生态效应：概念、研究热点及展望［J］. 生态学杂志，25（4）：428-434.

尹海龙，徐祖信，2008. 河流综合水质评价方法比较研究［J］. 长江流域资源与环境，17（5）：729-733.

尹民，杨志峰，崔保山，2005. 中国河流生态水文分区初探［J］. 环境科学学报，25（4）：

423 - 428.

尹正杰，杨春花，许继军，2013. 考虑不同生态流量约束的梯级水库生态调度初步研究 [J]. 水力发电学报，32 (3)：66 - 70.

张崇旺，2012. 论淮河流域水生态环境的历史变迁 [J]. 安徽大学学报 (哲学社会科学版)，36 (3)：81 - 89.

张洪波，2009. 黄河干流生态水文效应与水库生态调度研究 [D]. 西安：西安理工大学.

张水龙，冯平，2005. 河流不连续体概念及其在河流生态系统研究中的发展现状 [J]. 水科学进展，16 (5)：758 - 762.

张永勇，夏军，王纲胜，等，2007. 淮河流域闸坝联合调度对河流水质影响分析 [J]. 武汉大学学报 (工学版)，40 (4)：31 - 35.

张永勇，夏军，翟晓燕，2013. 闸坝的水文水环境效应及其量化方法探讨 [J]. 地理科学进展，32 (1)：105 - 113.

张泽中，李群，黄强，等，2008. 基于河流健康生态环境需水内涵及确定方法 [J]. 西安理工大学学报，24 (2)：196 - 200.

赵彦伟，杨志峰，2005. 河流健康：概念、评价方法与方向 [J]. 地理科学，25 (1)：119 - 124.

赵银军，丁爱中，沈福新，等，2013. 河流功能理论初探 [J]. 北京师范大学学报 (自然科学版)，49 (1)：68 - 74.

赵银军，魏开湄，丁爱中，2013. 河流功能及其与河流生态系统服务功能对比研究 [J]. 水电能源科学，31 (1)：72 - 75.

赵越，2014. 面向河流生境改善的水库调度建模理论与方法研究 [D]. 武汉：华中科技大学.

赵长森，夏军，王纲胜，等，2008. 淮河流域水生态环境现状评价与分析 [J]. 环境工程学报，2 (12)：1698 - 1704.

郑保强，窦明，黄李冰，等，2012. 水闸调度对河流水质变化的影响分析 [J]. 环境科学与技术，35 (2)：20 - 24、30.

郑华，欧阳志云，赵同谦，等，2003. 人类活动对生态系统服务功能的影响 [J]. 自然资源学报，18 (1)：118 - 126.

中华人民共和国水利部，2013. 第一次全国水利普查公报 [J]. 中国水利 (7)：64 - 64.

朱党生，张建永，廖文根，等，2010. 水工程规划设计关键生态指标体系 [J]. 水科学进展，21 (4)：560 - 566.

左其亭，2002. 干旱半干旱地区植被生态用水计算 [J]. 水土保持学报 (3)：114 - 117.

左其亭，陈豪，张永勇，2015. 淮河中上游水生态健康影响因子及其健康评价 [J]. 水利学报，46 (9)：1019 - 1027.

左其亭，高洋洋，刘子辉，2010. 闸坝对重污染河流水质水量作用规律的分析与讨论 [J]. 资源科学，32 (2)：261 - 266.

左其亭，李冬锋，2013a. 基于模拟-优化的重污染河流闸坝群防污调控研究 [J]. 水利学报，44 (8)：979 - 986.

左其亭，李冬锋，2013b. 重污染河流闸坝防污限制水位研究 [J]. 水利水电技术，44 (1)：22 - 26.

Bunn S E，Arthington A H，2002. Basic principles and ecological consequences of altered flow regimes for aquatic biodiversity [J]. Environ Manage, 30 (4): 492 – 507.

Chen H, 2012. Assessment of hydrological alterations from 1961 to 2000 in the Yarlung Zangbo River, Tibet [J]. Ecohydrology & Hydrobiology, 12 (2): 93 – 103.

Costanza R, 1999. The Value of the world's ecosystem services and natural capital [J]. World Environment, 387 (6630): 3 – 15.

Fairweather P G, 1999. State of environment indicators of 'river health': exploring the metaphor [J]. Freshwater Biology, 41 (2): 211 – 220.

Magilligan F J, Nislow K H, 2005. Changes in hydrologic regime by dams [J]. Geomorphology, 71 (12): 61 – 78.

Maingi J K, Marsh S E, 2002. Quantifying hydrologic impacts following dam construction along the Tana River, Kenya [J]. Journal of Arid Environments, 50 (1): 53 – 79.

Mathews R, Richter B D, 2007. Application of the Indicators of hydrologic alteration software in environmental flow [J]. JAWRA Journal of the American Water Resources Association, 43 (6): 1400 – 1413.

Matteau M, Assani A A, Mesfioui, M, 2009. Application of multivariate statistical analysis methods to the dam hydrologic impact studies [J]. Journal of Hydrology, 371 (1): 120 – 128.

Mcmanamay R A, Orth D J, Dolloff, et al., 2013. Application of the ELOHA framework to regulated rivers in the upper tennessee river basin: a case study [J]. Environ Manage, 51 (6): 1210 – 1235.

Meyer J L, 1997. Stream Health: incorporating the human dimension to advance stream ecology [J]. Journal of the North American Benthological Society, 16 (2): 439 – 447.

Norris R H, Hawkins C P, 2000. Monitoring river health [J]. Hydrobiologia, 435 (1 – 3): 5 – 17.

Norris R H, Thoms M C, 1999. What is river health [J]. Freshwater Biology, 41 (2): 197 – 209.

Petts G E, 1996. Water allocation to protect river ecosystems [J]. Regulated Rivers Research & Management, 12 (4 – 5): 353-365.

Poff N L, Allan J D, Bain, et al., 1997. The Natural Flow Regime [J]. Bioscience, 47 (11): 769 – 784.

Poff N L, Richter B D, Arthington A H, et al., 2010. The ecological limits of hydrologic alteration (ELOHA): a new framework for developing regional environmental flow standards [J]. Freshwater Biology, 55 (1): 147 – 170.

Poff N L, Zimmerman J K H, 2010. Ecological responses to altered flow regimes: a literature review to inform the science and management of environmental flows [J]. Freshwater Biology, 55 (1): 194 – 205.

Rapport D J, 1989. What Constitutes Ecosystem Health? [J]. Perspectives in Biology & Medicine, 33 (1): 120 – 132.

Richter B D, Baumgartner, J. V, Braun, D. P, et al., 1998. A spatial assessment of hydrologic alteration within a river network [J]. Regulated Rivers: Research & Management, 14 (4): 329 – 340.

Richter B D, Baumgartner J V, Powell J, et al., 1996. A method for assessing hydrologic alteration within ecosystems [J]. Conservation Biology, 10 (4): 1163 – 1174.

Rogers K, Biggs H, 1999. Integrating indicators, endpoints and value systems in strategic management of the rivers of the Kruger National Park [J]. Freshwater Biology, 41 (2): 439 – 451.

Suen J P, Eheart J W, 2006. Reservoir management to balance ecosystem and human needs: incorporating the paradigm of the ecological flow regime [J]. Water Resources Research, 42 (3): 178 – 196.

Tharme R E, 2003. A global perspective on environmental flow assessment: emerging trends in the development and application of environmental flow methodologies for rivers [J]. River Research and Applications, 19 (5 – 6): 397 – 441.

Vannote R L, Minshall, G W, Cummins K W, et al., 1980. The river continuum concept [J]. Canadian Journal of Fisheries and Aquatic Sciences, 37 (1): 130 – 137.

Ward J V, Stanford J A, 1983. The serial discontinuity concept of lotic ecosystems [J]. Ann Arbor Ann Arbor Science: 29 – 42.

Zhang Y, Xia J, Liang T, et al., 2010. Impact of water projects on river flow regimes and water quality in Huai River Basin [J]. Water Resources Management, 24 (5): 889 – 908.

Zuo Q, Liang S, 2015. Effects of dams on river flow regime based on IHA/RVA [J]. Proceedings of the International Association of Hydrological Sciences, 368: 275 – 280.

SUMMARY

This book comprehensively expounds the river ecological water requirement under the condition of many sluices, and Shaying river with typical characteristics of sluices control is selected as the research object to systematically introduce the theoretical basis, research system, quantitative method and applied research results of ecological water requirement control of river with multiple sluices. The main contents include: analysis of the impact of water conservancy projects such as sluices on river ecosystem, research on hydrological variation, water quality change and water ecological evolution characteristics under the influence of sluices, study on ecological water requirement methods for river health, construction of river ecological water requirement management and support system under the condition of multiple sluices, etc. The theory and methods of river ecological water demand and its regulation under the condition of multiple sluices proposed in this book are of reference significance for river water resources integrated management, water environment and water ecosystem restoration, river health protection, etc.

This book can be used as a reference for enthusiast who study and care about river water ecology and water environment, as well as for science workers, managers, college teachers and students who are engaged in water resources, water environment, water conservancy management and related fields.

CONTENTS

"中国水科学青年英才专著系列"征稿函

水科学领域青年科技工作者知识层次高、年富力强，处于思维创新的巅峰时期，是水科学领域学术研究的"新生代"。为鼓励水科学领域青年英才立足中国水问题，持续推出高质量学术成果，为水科学事业集聚起一支高水平的学术理论队伍，中国水利水电出版社联合中国水论坛组委会共同组织出版"中国水科学青年英才专著系列"（以下简称"青年英才专著系列"），并致力于将"青年英才专著系列"打造成为水科学领域的学术出版品牌。

一、征稿范围

水科学及相关领域青年科技工作者原创性学术研究成果、实践创新成果、优秀博士学位论文等。

二、投稿要求

1. 书稿应具有较高的学术水平和出版价值，符合学术规范要求。

2. 书稿不存在版权争议，第一署名人应为"青年英才专著系列"出版申请人。

3. 书稿应尊重前人及今人已有的相关学术贡献，引用的数据资料必须准确、权威，有明确出处。

4. 正文版面字数（含图、表、公式等）在 30 万字以内。

5. 书稿没有违反国家法律规定及危害国家安全、荣誉和利益的内容。

三、投稿方式

1. 邮件投稿：请将书稿及申请表电子版发送至：xs@waterpub.com.cn。

2. "青年英才专著系列"为长期、开放性出版项目，作者可随时投稿。

联系人：夏　爽　联系电话：010－68545938；13031168200；QQ：869366661

邹　静　联系电话：010－68545952；18510568231；QQ：593848117

范冬阳　联系电话：010－68545623；15810713161；QQ：1442584153